從零開始

的

量子力學

從骰子遊戲到生死未卜的貓
你非深究不可的神祕理論

朱梓忠——著

「我相信上帝不扔骰子的。」
—————— 愛因斯坦 ——————

科學界兩大巨頭的精彩交鋒
×
二十世紀物理學界熱門話題

「不要告訴上帝該去做什麼。」
—————— 波耳 ——————

目錄

目錄

目錄

前言

　　量子力學與相對論，是 20 世紀人類科學發展的最高成就，它們的哲學基礎是最深刻的自然哲學基礎。了解量子力學的基本原理，對於提高個人的科學素養有很大的幫助。當今社會科技發展非常迅速，有很多事物如量子纏結、量子通訊、量子運算、量子金鑰以及量子穿隧等，都有非常新奇的量子力學概念。而想要理解這些名詞，掌握一部份量子力學的基本原理就變得很有必要。此外，提高科學素養也是很重要，這樣就不至於鬧出「奈米是米的一種」這樣的笑話。很多人都聽說過「量子」二字，但是對其意義卻困惑不解。

　　撰寫本書的最初動因，源於我講授「理論物理導論」課程的時候。當時有學生提問：「既然說牛頓力學在微觀世界裡是不對的，那麼它到底錯在哪裡了？」我當時愣了一下，是啊，錯在哪裡了？對於這個看似「簡單」的問題，我似乎也沒有認真思考過。雖然我馬上明白，一旦要說牛頓力學有時候不對了，那一定是牛頓的三個定律有時候不對了。所以，回答這個問題需要從解釋牛頓三個定律有時候是不對的開始（本書也正是從這裡開始的）。此後，對牛頓力學體系基本基石的思考，以及對量子力學基本基石的思考，就成為撰寫本書的衝動。事情都是這樣：在經過了一段較長時間的「想寫」與「不想寫」的糾結後，最後由於很偶然的理由才開始真正動筆。只是由於教學和科學研究的事務繁重，撰寫的時間只有半年多一點，所以我唯一擔心的是書中內容難免會有不恰當的地方。好在，本書的出版應該不會妨礙某個量子力學專家

前言

再寫一本更實用的量子力學書籍。

上述的例子——幫學生上量子力學課程的老師，可能並沒有認真思考過量子力學——讓我們明白，能夠熟練運用量子力學的數學框架求出各種物理量，其實並不需要我們完全理解量子力學中蘊含的道理。甚至可以大膽猜測，能夠熟練運用量子力學知識，但是並沒有認真思考過量子力學，這可能是物理系、化學系和材料系等學過量子力學課程的學生中比較普遍存在的現象。本書並不會認真列出量子力學的諸多數學公式（反之會盡量迴避），所以它不會幫助讀者獲取已知數學框架下的更多的計算技巧。但是，對於希望理解量子力學中的基本道理的讀者來說，本書或可提供參考。我會盡量將故事敘述得簡單一些，目的也是要照顧到那些完全沒有學過量子力學的朋友。如果你認為自己是量子力學的專家，那麼要嘛沒有必要閱讀本書，要嘛可能需要容忍書中一些不夠嚴謹的敘述，畢竟只有數學公式才能完整表達一個物理量所有的含義。古典力學與牛頓力學這兩個名詞在書中的含義是一樣的，而牛頓運動方程式就是指牛頓第二定律的運動方程式。

我曾經說：「牛頓力學有時候錯了」，這馬上有另一位老師表達強烈不滿。她說：「不能說牛頓力學錯了，牛頓還發明了微積分呢！」我充分理解她對牛頓力學的崇拜。可能如果我改成說，牛頓力學在某些情況下不是很好用，那就不會引起誤會了。所以，為了生命安全，建議各位以後千萬不要說牛頓力學錯了，而應該說：「牛頓力學在某些情況下好像不太好用」。現在大家都明白，說牛頓力學有時候不適用了（或錯了），完全不是說牛頓不夠偉大，這只是歷史的緣故。在牛頓時代，如果你真的寫出了薛丁格方程式，那麼它根本就無法被驗證。而在物理學界，沒有辦法驗證的理論是會被忘卻的。牛頓在四大領域有偉大的貢獻：①發明了微積分；②由於微積分的發明而寫出了萬

有引力公式；③牛頓力學體系的建立（即三大定律等）；④光學方面的許多重要貢獻。任何一個人作出以上任一項成就，都將名垂青史，更何況牛頓同時作出了這麼多偉大的貢獻。近代物理學之父伽利略有一句名言：大自然這本書是用數學語言寫成的。事實上，微積分便是牛頓為了處理基本力學問題（如瞬間速度）而發明的一種強而有力的數學工具。只有透過這種新的數學工具，牛頓才能完整表達他心中的物理世界。量子力學作為一種比牛頓力學更為「優越」的理論體系，也是歷史發展到一定階段的產物。但量子力學不是對牛頓力學的修正，而是完全的革命。可以說，量子力學的基石已經完全不同於牛頓力學的基石，希望讀者看到這一點。量子力學所運用的主要數學工具也與牛頓力學有所不同了。

有朋友的小孩問道：「為什麼世界上最著名的一些人物都是物理學家？像愛因斯坦、牛頓……這樣的人。」其實道理很簡單，因為物理學家所發現的都是自然界中最為基本的規律，而且這些基本規律是永恆的和普及的，它們對人類認識自然、改造自然有著根本意義上的重要性。對此，我認為可以補充道：「在過去的三百年間，關於誰是當時最有錢的人，早已被人們所忘記。沒有人還記得兩百年前誰是世界上最富有的人，即便是現在最有錢的人，也將很快被人們所遺忘。」這並非在鼓勵獲取一個永恆的名聲，只是敘述了一個事實而已。這也不是鼓勵大家都去學物理，因為這世界上有很多分工，無論哪一行都需要有人去做。

做科學普及工作的網站曾經做過調查問卷，調查科學家為什麼不願意參與科普，最終得到的前三大原因分別是：怕媒體、沒動力、沒管道。讓人欣慰的是，只有 9% 的科學家認為科學家不應該做科普，這不是他們的責任。調查中有很高比例的科學家表示「不能再給我們增加工作了，我們已經忙死

了」。我基本上贊同同行們的意見，撰寫本書確實也花了不少精力。很明顯，這本書並不會在科學上取得任何具體的成績，它不是學術著作，也不是科學進展，它就是科普作品，只是很多地方比一般的科普書更加深入一些而已。你只要粗略翻一翻本書就清楚了，它沒有數學推導，出現的公式也是最基本的那些。而物理的語言是數學，沒有數學推演其實就不是物理（如果有不同意見，歡迎指教。下同）。書中的內容當然基本上是已知的，但是所有內容都是經過作者思考和理解之後再敘述的。有些概念還在發展中，有些概念作者理解得還不準確，請讀者批評和指正。如果讀者能回饋意見給我，筆者將無比感激。原則上，我可以把本書寫得再厚一點，但是這樣做將違背本書所希望達到的目標，那就是，在很短的時間內科普量子力學的基礎知識。理所當然，我們只能科普普通的量子力學，比較進階的部分只是做了一定的選擇（根據作者個人的意見）。

物理學是建立在一些基本原理和基本概念之上，經過數學的演繹和實驗的探索而發展和完善起來的學科。所以，理解物理學的基本原理和基本概念就顯得尤為重要。書中對量子力學的主要原理和概念進行了思考和剖析，有些是哲學意義上的思考。希望能夠將這些思考和敘述傳遞給學物理的學生、相關的科技工作者和大眾。由此，也期待讀者能夠在本書的基礎上更深入思考。量子力學敘述起來，在很多方面好像有悖於日常的經驗，如何淺顯解釋量子力學的基本原理，就成為本書寫作上的挑戰。作者將盡量使用簡單的敘述和語言來討論比較複雜的概念，希望讀者也能把思維放開一點。

著名的物理學家費曼曾經斷言：「我想我可以放心說，沒有誰理解量子力學。」惠勒在給友人的信中也寫道：「2000 年 12 月是物理中最偉大的發現 —— 量子論 —— 誕生一百週年。為了慶賀它，我建議用一個標題：量子

論 —— 我們的榮耀和慚愧。為什麼說榮耀,因為物理學所有分支的發展都有量子論的影子;為什麼說慚愧,因為一百年過去了,我們仍然不知道量子化的來源。」

惠勒是一位著名的物理學家,普林斯頓大學的榮譽退休教授。所以,很多時候本書無法告訴你,為什麼在某個地方會出現某種量子化,以及為什麼兩個粒子會處於纏結態等類似的問題。本書只是幫助你了解目前基本的量子力學的正統解釋和數學框架。筆者的意圖是:既希望本書對攻讀量子力學課程的大學生們有所啟迪(如數學框架方面),也希望能夠向一部分大眾普及量子力學的基本原理。當然,到底能夠在多大程度上完成這個任務,只能有待於時間的驗證。

期待本書能夠為從事自然科學相關工作的,以及熱愛科學的人士提供消遣。最後,應該說,閱讀本書從 1 小時到 1 個月都是適合的。

第 1 章　引論

1.1　總論

　　量子力學研究的是微觀世界物質粒子的運動規律，是物理科學一個最重要的分支。量子力學的研究對象涉及原子、分子和凝聚體物質，而且包括原子核和基本粒子等。量子力學在化學、材料學和生物學等學科以及許多近代技術中均得到了廣泛的應用。它與相對論一起被認為是現代物理學的兩大基本支柱。量子力學已經取得了驚人的成功，至今還沒有發現一項量子力學的理論預言是錯的。當今全球經濟的大約 1/3 依賴於以量子力學為基礎而發展起來的學科，例如半導體物理學、原子物理學、固體物理學、量子光學、核物理學和粒子物理學甚至於包括化學和宇宙學等。

> 量子力學的巨大影響遠遠超出了人類科學史上的任何一種理論，值得一個有科學素養的人去認真地了解它。
>
> 量子力學奠定了原子彈、核技術、半導體工業等許多重要領域的基礎，如今又在量子運算、保密通訊等現代高科技領域大顯身手。

　　19 世紀末，人類在生產實踐中發現舊有的古典物理學理論無法解釋微觀系統的一些實驗事實。於是，經過物理學家們的努力，在 20 世紀初（主要是 1920 年代）創立了量子力學，解釋了古典物理學不能解釋的現象。量子力學從根本上改變了人類對物質結構及其相互作用的理解。現在，除了需要透過廣義相對論描寫的引力之外，迄今所有的基本相互作用都可以在目前的量子力學（量子場論）框架內描述。

　　量子力學是伴隨 20 世紀一起來到人間的。奇妙的是，量子力學甚至有一個大家公認的誕生日，那就是：1900 年 12 月 14 日。這一天，德國偉大的物理學家普朗克在柏林德國科學院物理學年會上宣布了他的偉大發現 —— 能量量子化假說，即標誌著量子論的誕生。量子論給我們提供了新的關於自然界的表述方法和思考方式。它能很好地解釋原子結構、原子光譜的規律性、化學元素的性質、光的吸收與輻射等。人們將量子的發現稱為人類科學和思想領域中的一場偉大的革命。繼普朗克發現量子之後，量子力學的發展遠遠超出了任何一個最能幻想的科幻小說家的想像。

　　量子力學的發展主要可以分為兩個階段，即 1900 年至 1925 年的舊量子論時期和 1925 年以後的量子力學理論的正式創立和完善階段。

1・關於正統的量子力學理論創立之前的舊量子論時代（1900 ～ 1925 年）

　　舊量子論主要包括普朗克的量子假說、愛因斯坦的光量子理論和波耳的原子理論。關於舊量子論的創立，普朗克作出了非常特殊的貢獻，取得了劃時代意義的突破 —— 第一個窺見了「量子」。人們在研究黑體輻射時，發現維恩公式只在短波範圍成立，而瑞立公式只在長波範圍適用，這兩個公式當

時各自獨立地在各自的頻率區域內成立。1900 年 10 月，普朗克「無意」中湊出了一個公式，它很自然地在短波區域趨於維恩公式，而在長波區域趨於瑞立公式。1900 年 10 月 19 日，普朗克在柏林物理學會的會議上提出了上述公式。這個公式被發現與實驗數據符合得非常好。普朗克非常清楚公式的背後一定隱藏著重要的「東西」，這最終促成了上面提到的 1900 年 12 月 14 日量子假說理論的誕生。所謂的「量子」，就是輻射能量的釋放和吸收都是不連續的，而是一小份一小份地進行。普朗克把這每一小份能量稱為一個「量子」。

> 量子力學的發展可主要分為兩個階段，即從 1900 年至 1925 年的舊量子論時期以及 1925 年以後的正式創立和完善階段。

　　1905 年，愛因斯坦引進光量子的概念，並給出了光子的能量、動量與輻射的頻率和波長的關係，成功地解釋了光電效應。此外，愛因斯坦又提出固體的振動能量也是量子化的，從而解釋了低溫下固體比熱的問題。可以看到，愛因斯坦對早期量子理論的發展造成了舉足輕重的作用。1913 年，波耳在拉塞福有核原子模型的基礎上建立起原子的量子理論，按照這個理論，電子只能在分立的軌道上運動。波耳是舊量子論時代的領袖人物，團結和鼓勵了一大批在量子力學領域取得輝煌成就的年輕人。在人們認識到光具有波動和微粒的二象性之後，1923 年法國物理學家德布羅意提出了物質波這一概念。他認為一切微觀粒子均伴隨著一個波，就是所謂的德布羅意波，這最終幫助了量子力學波動力學形式的誕生。顯然，舊量子論是跟普朗克、愛因斯坦、波耳以及索末菲等人的名字緊緊聯繫在一起的。更加具體的討論會在相關章節中展開。

> 愛因斯坦是量子力學理論解釋的最著名的質疑者，但是他自己對量子力學的發展作出了重要的貢獻。

2·關於正統的量子力學理論的創立

1925 年，德國物理學家海森堡（W. Heisenberg）建立了量子力學的第一個數學描述 —— 矩陣力學。1926 年，奧地利科學家薛丁格提出了描述物質波連續時空演化的偏微分方程式 —— 薛丁格方程式，從而給出了量子力學的另一個數學描述 —— 波動力學（狄拉克也有一種形式，但通常不被提起）。1948 年前後，費曼還創立了量子力學的第三種形式 —— 路徑積分形式。歷史上，正統的量子力學理論的發展有兩條路線（後來費曼的路徑積分形式除外）：一條是從普朗克的量子論到波耳的原子結構的量子論，再到愛因斯坦的輻射量子論，最後到海森堡的矩陣力學；另一條是從普朗克的量子論到愛因斯坦的光的波粒二象性，再到德布羅意的電子的波粒二象性，最後到薛丁格的波動力學。矩陣力學和波動力學都是邏輯上完備的量子力學體系，二者早被證明是等價的，不過只是數學形式上的不同而已。

> 量子力學正式創建的標誌是海森堡的量子力學矩陣力學形式和薛丁格的量子力學波動力學形式的建立。

量子力學正統理論的發展（從 1925 年開始）是與海森堡、薛丁格、玻恩、約爾旦[1]、包立、狄拉克以及德布羅意等人的名字緊緊關聯在一起的（這裡只列出代表性人物，當然還有其他人），他們完成了把舊量子論轉變成一種真正的量子理論這一艱苦的工作。1920 年代的物理學風起雲湧，重大理論突

1　本書 Jordan 均譯為約爾旦。

破不斷出現，很快就建立了量子力學比較完善的理論體系。這也使得後來的許多聰明人只能作為「旁觀者」而嘆息那種激動人心的大發現的時代已經一去不復返了。

當從古典力學過渡到量子力學的時候，我們所關心的最重要的物理量也發生了變化。在古典力學中，最重要的是系統的受力情況，而在量子力學中，受力已經不再重要（甚至無用了），重要的是系統的能量和動量。我們在量子力學中處理的不再是質點的運動軌跡，而是在空間和時間中變化的波函數。正統量子力學體系的核心是薛丁格方程式及其波函數的概念（波動力學體系）。薛丁格寫出薛丁格方程式之後，1926 年夏，玻恩提出了對波函數的正確解釋，即機率解釋。可見，有趣的是，儘管波函數早已被寫在了薛丁格方程式當中，但是薛丁格本人卻並不清楚波函數的含義，他甚至極力反對玻恩對波函數進行的機率解釋。從薛丁格方程式誕生以來，九十多年過去了。雖然量子力學的內容越來越豐富，但是最基本的量子力學原理和概念並沒有變化。量子力學是嚴謹的和實事求是的，而且量子力學還在進步著，儘管有時候是艱難和緩慢的。有人統計過，截至 1960 年，以薛丁格方程式為基礎的論文就超過了 10 萬篇（到現在，已經遠遠大於這個數），可見它是處理物質的電子和結構問題的強大的數學工具。

> 諾貝爾獎得主溫伯格在他的著作《終極理論之夢》中寫道：「如果說，我們今天的物理學裡有些東西可能在終極理論裡不變地保存下來，那就是量子力學。」

量子力學最重要的方面是其所揭示的疊加性、隨機性和非定域性。在量子力學中，討論波的疊加時，都是指波函數的疊加。而波函數本身並不直接對應著物理實在，只有它的平方才對應著一種機率。可見量子力學中態的疊

加性與古典物理中若干波的疊加是完全不同的；關於隨機性，即在量子力學中占支配地位的是統計確定性。在微觀世界裡，我們已經無法預言一個微粒的運動，即微觀世界的規律存在隨機性。例如，沒有人能夠預見一個放射性原子何時會衰變；關於非定域性，一個例子是在量子力學中存在著一種「怪異」的現象，就是有一種跨空間、瞬間影響個體雙方的量子纏結存在，也就是愛因斯坦所說的「鬼魅的超距作用」。所以，對於初學量子力學的人來說，筆者認為，理解整個量子力學體系的核心主要需要掌握兩點：①量子力學的第二個基本假設（參見 4.3 節），理解這一點對於理解「疊加性」有根本意義上的重要性，對理解整個量子力學的數學框架也有重要幫助；②對於一個微觀系統來說，只有其中的某個部分具有真正完全的隨機性（或者系統本來就含有量子非定域關聯的子部分），這樣的系統才可能擁有量子效應。這一點可以這樣來理解：假如系統中所有的部分都沒有隨機性，也就是說，構成系統的所有部件都是確定性的，這樣的系統便是古典系統。至於量子力學的非定域性，雖然它非常重要且必須了解它，但是真正的理解可能存在困難（世界上可能還沒有人能真正理解它）。

> 量子力學的疊加性、隨機性和非定域性是一個量子系統的重要性質，理解這些重要性質是理解整個量子力學的關鍵。雖然說，非定域性的本質至今也還不清楚。

　　量子力學中最重要的概念是什麼？關於這樣的問題，至今仍有不同的答案。波耳一直認為，量子力學中最本質的概念應該是他的互補原理。海森堡早期則認為，最重要的概念是他提出的測不準原理以及矩陣力學中出現的非零的對易關係。狄拉克早期也認為，最重要的是「力學量不遵守乘法交換律的假設」。但是到了晚年，狄拉克認識到機率幅（即波函數）及其機率解釋

的概念才是量子力學中最基本的。海森堡到了晚年也認為，量子力學中態的定義，是對自然現象的描述所作出的一個巨大變革。費曼則一貫主張機率幅是量子力學中最基礎的概念，他在提出路徑積分方法的文章中，就是從討論機率幅的概念開始的。看來，量子力學大師們都還比較傾向於認為機率幅（在本書中，將更多地使用「態」或「波函數」以及「機率解釋」）是最重要的概念。

　　量子力學跟任何一門物理學分支一樣，既包含了一套如何開展計算的數學方法，又包含著把計算結果與經驗事實相聯繫起來的規則。這些內容對於需要讀懂量子力學課程的學生來說，是必須掌握的基本內容。此外，量子力學還有另一方面的內容，就是對量子力學本身的解釋的問題。量子力學作為人類高度智慧的結晶，有著非常深刻的含義，對它的解釋有的還非常難以理解又充滿著爭議。也就是說，大多數的書籍對於量子力學的數學框架的敘述是大同小異的，但是對於一些基本概念，不同的書則可能各不相同，莫衷一是。在這一本薄薄的書中，我們「堅決地」建議讀者暫時不要去深入思考量子力學的解釋的問題。當需要討論這方面的問題時，我們盡量採用哥本哈根學派對量子力學的正統解釋。

> 量子力學的數學框架是明確的，但是對量子力學理論本身的解釋卻是各式各樣的。

　　量子物理學是目前關於自然界的最基本的理論。雖然人類在 1920 年代就創立了量子力學，然而至今仍無法真正地理解這個理論的真諦。似乎連 20 世紀最偉大的科學家們也都沒有真正理解它，一直在為之爭論不休。當然，我們相信，越是困難或越有挑戰性的問題就越能激起人類的好奇心。對於每一個對自然界充滿好奇的現代人來說，不理解量子就無法理解我們身邊的世

界，就不能真正成為一個有理性的、思想健全的人。撰寫這本不是很厚的關於量子力學基本知識的書籍，目的就是要幫助有好奇心的現代人能夠比較容易地進入量子力學的世界。然後，在此基礎上，學習更進階的量子力學（有興趣的話）。

微觀世界如此之小，人類不可能直觀地體驗，我們只能透過某些實驗方法間接地測量，再用抽象的數學手段想像似地加以描繪。因此，我們沒有理由要求微觀世界遵循我們常見的宏觀規律，也沒有理由用理解古典現象的方式去理解微觀的量子世界。為了大家能夠很快地了解量子力學的發展進程，在本書的附錄 A 中，給出了量子力學發展史比較詳細的年表，供參考。這部分內容主要參考了《量子力學的物理基礎和哲學背景》這本書。

> 從 1900 年普朗克提出量子論至今，已有一百多年的歷史。了解量子力學的發展歷史還是很有意義的。

1.2　量子

什麼是「量子」？量子這個詞是從拉丁文「quantum」而來的，原意是數量。在物理中，「量子」最早是在 1900 年，由普朗克在處理黑體輻射時引進的，它表示輻射能量的釋放和吸收都不是連續的，而是一小份、一小份進行。普朗克把這每一小份能量稱為一個量子，能量值就只能取這個最小能量元的整數倍。量子是現代物理學中非常重要的基本概念，研究表明，不但能量表現出這種不連續的分立化（即量子化）性質，其他的物理量，諸如角動量、自旋、電荷等，也都表現出這種不連續的量子化現象。這跟以牛頓力學為代表的古典物理有著根本的區別，量子化現象主要表現在微觀世界。普朗

克的量子概念第一次向人們揭示了微觀自然過程的非連續本性，或稱量子本性。或者說，量子才是這個世界的本質所在，我們所看到的所謂「連續的」世界，其實背後是量子化的。1905 年（所謂的物理奇蹟年），愛因斯坦提出了光量子的假說，進一步發展了普朗克關於量子的概念。愛因斯坦認為，光波本身是由一個個不連續的、不可分割的能量量子所組成。利用這一假說，愛因斯坦成功解釋了光電效應的實驗事實。其實，能量量子的概念不只是在光波的發射和吸收時才有意義。

> 量子，是最小的能量單位。能量的釋放和吸收都不是連續的，而是一小份一小份進行，這每一小份能量就稱為一個「量子」。
>
> 古典物理中，物理量可以任意連續變化，理論上變化多小都可以。在量子情況下，物理量是不連續的，它只能取所謂「量子化」的某些分離的數值。

1.3　古典物理學和量子力學

什麼是古典物理學？這是我們經常會提到的，我們也會經常地把古典物理學的結果與量子力學的結果做對比。所以，讓我們稍稍詳細地解釋一下什麼是古典物理學。

古典物理學主要由伽利略（1564 ～ 1642 年）和牛頓（1642 ～ 1727 年）等人於 17 世紀創立，經過 18 世紀在各個方向上的拓展，到 19 世紀得到了全面和系統的發展，而達到了它輝煌的頂點。到 19 世紀末，已建成了一個包括力、熱、聲、光、電學等學科在內的宏偉完整的理論體系。特別是它的三大支柱 —— 古典力學、古典電動力學、古典熱力學和統計力學 —— 已非

常成熟和完善，理論的表述和結構也已十分嚴謹和完美，對人類的科學認識產生了深遠的影響。

古典物理學的發展離不開一個偉大人物，那就是牛頓。他的運動定律描述了萬物是如何運動，他的萬有引力定律把行星的運動和地球表面上物體的運動統一起來。他還發明微積分，這是一個強而有力的數學工具，在物理學的各個分支都大量運用了微積分。雖然微積分成為了數學的一個分支，但是數學對物理的重要性卻是不言而喻的。牛頓在光學領域也作出了巨大貢獻。

> 古典物理學離不開偉大的牛頓，萬有引力定律和三個牛頓運動定律是古典物理學的代表作。牛頓還發明了強而有力的微積分，還在光學領域作出了巨大貢獻。

古典物理學的各個主要分支包括以下幾個方面。

1. **古典力學**。它包含牛頓的三個定律，但主要是以牛頓第二定律的運動方程式為基礎的。在宏觀世界和低速狀態下，牛頓的定律可以圓滿描述物體是如何運動，可以說明當物體連接在一起的時候會發生什麼，比如建築或橋梁。古典力學在自然科學和工程技術中有著極其廣泛和重要的應用。

2. **古典電磁學**。它主要研究電磁力，是研究磁場和電場的學科。馬克士威對電磁理論有里程碑式的貢獻，他提出了描述電磁場的馬克士威方程式組，並發現了光其實就是電磁波。當量子效應可以忽略時，馬克士威理論能夠非常完美描述電磁現象，電磁學對人類文明史貢獻良多。

3. **古典熱力學和統計物理**。熱力學是研究熱現象中物態轉變和能量轉換規律的學科。以熱力學三個定律為基礎，研究平衡系統各宏觀性質之

間的相互關係，揭示變化過程的方向和限度，它不涉及粒子的微觀性質。熱力學包含了熵的概念，描述了系統的有序和無序，以及告訴我們不同能量類型有多有用。統計物理學根據對物質微觀結構及微觀粒子相互作用的認識，用機率統計的方法，對由大量粒子組成的宏觀物體的物理性質及宏觀規律作出微觀解釋。

4. **光學**。它主要研究光的現象、性質與應用，例如解釋光的反射、折射和衍射的原理等。光在稜鏡中的折射以及透鏡如何聚焦光線，這對於望遠鏡、顯微鏡和照相機的製作都很重要。望遠鏡的發明使我們能夠觀測宇宙中不同的天體，這促使了宇宙學和天體物理學的誕生。光不需要透過任何介質，就可以在真空中傳播。

5. **流體力學**。它是研究流體（包括液體、氣體和電漿體）是如何流動的學科。利用流體力學可以計算出飛機機翼產生的升力是多少，以及汽車的空氣動力學是怎麼運作。流體力學在初學者中是出了名的難，因為分子的運動非常複雜和快速，而這就需要混沌理論等基礎。

> 19 世紀末是古典物理學的黃金時代。力、熱、聲、光、電、磁⋯⋯一切物理現象都在古典物理的掌控之中，似乎沒有被遺漏的地方。所以，物理學似乎也走到了盡頭。

以上這些就是古典物理學的主要內容了。一直到 19 世紀末，我們對宇宙的理解都是基於這些物理學的分支。在這個時期，物理學家認為宇宙中所有東西的運作就像時鐘那般準確，取得某一時刻宇宙的完整訊息原則上（哲學意義上），就能夠得到宇宙在未來和過去任意時刻的情況，這就是所謂的拉普拉斯的惡魔（Laplace's demon）。

什麼是量子力學？回答這個問題是我們這一整本書的任務。在總論中，我們已經指出，量子力學的研究對象涉及原子、分子、凝聚體物質，還包括原子核和基本粒子等，它研究的是微觀世界物質粒子的運動規律。至此，我們對量子力學的認識暫且就到此為止。

> 量子力學與我們熟悉的古典物理學是很不一樣的。它會令初學者感到迷惑，是因為它與我們日常生活中遇到的現象大不相同。

1.4　什麼時候必須用到量子力學

什麼時候才會用到量子力學呢？很顯然，我們在造橋、挖隧道、建房子以及絕大多數的日常行為中都用不到量子力學。在這些情況下，牛頓力學已經夠用了！專業地說，透過對體系的受力分析，再使用位置、軌跡、速度（以及速度的軌跡）、加速度等這些古典力學的概念，我們就可以非常好描述造橋和建房子這些日常行為了。換句話說，在絕大多數的領域中使用量子力學是沒有必要的，牛頓力學是量子力學在大宇宙觀點下非常好的近似學說。

在日常用不到量子力學，所以有些人可能會認為，量子力學與我們的日常生活相距很遠。當然，這是完全錯誤的。我們當今生活的很多「特徵」都與量子力學有著密不可分的關係，如我們用的手機、電腦、電視機等各種電器，以及大量使用電腦的各行各業（如銀行），這些都與量子力學有著密切的聯繫。沒有量子力學，就不會有這些現代人越來越離不開的東西。

> 量子理論一般是用來描述微觀世界的物理理論，但它一樣可以用於宏觀尺度，只是由於宏觀下很多時候量子效應都非常微弱，可以忽略不計。

籠統地說，量子力學是在微觀世界的領域中發揮作用的！主要是在原子、亞原子（如原子核和基本粒子）、分子和材料的微觀領域裡發揮決定性的作用。當然，宏觀的量子效應也是存在的，如超導、超流、約瑟夫森效應以及量子霍爾效應等。通常來說，宏觀的量子效應都是非常重要的效應，發現或者只是幫助理解了宏觀的量子效應通常都是可以獲諾貝爾獎的事情，可見其重要性。此外，固體和液體等凝聚體物質的宏觀性質也是由原子之間微觀的相互作用的細節決定的：我們周圍的物質大都可以看成是由原子構成的，而原子與原子之間的相互作用力使得原子們得以「凝聚」起來，從而使物質得以形成。如果這樣看，似乎我們只需「力」的概念就可以理解物質的構成了。但是實際上，如何理解和描述這些原子與原子之間的相互作用，從而理解原子們凝聚起來的本質，就恰恰必須用到量子力學。這方面，古典力學是完全不能勝任的！要解釋清楚原子之間的相互作用，講清楚物質形成的原動力，沒有量子力學是完全無法想像的。

力、位置、運動軌跡、速度及加速度等這些古典力學的概念已經根深蒂固地存在於我們的腦子中，我們對日常的許多宏觀物質的運動都習慣於採用這些概念來分析。例如，我們在討論汽車的運動時，通常可以使用汽車在哪裡（即位置）、速度是每小時多少公里、踩油門（加速）、剎車（負加速）等這些概念。這些概念確實可以非常精確地描述汽車的運動狀態。而量子力學開始適用的時候，恰恰是像位置、運動軌跡、速度及加速度等這些概念不再適用的時候，如已經提到的電子在原子中的運動。實驗已經充分證明，電子在原子中運動，其位置、運動速度等概念已經不再正確，或者說，根本就無法測量出電子的位置和速度等這些古典的物理量。取而代之的是機率和平均值的說法，例如電子出現在空間某一點的機率有多大，速度的平均值有

多大等。

　　那麼，什麼時候使用牛頓力學不會出問題呢？只要粒子的波動性表現得不明顯，其粒子性遠大於波動性的時候，就是牛頓力學適用或近似適用的時候。當我們建一座大橋的時候，完全沒有必要用到量子力學，只要用牛頓力學就完全足夠了。而且，也不是說，在微觀世界裡牛頓力學就完全不能用。我們知道，當尺度小到埃的量級時（即原子的尺度，1 埃 =0.0000000001米），微觀粒子的波動性（或說量子效應）可能會相當明顯。此時當然必須使用量子力學來處理了。但是，並不是說尺度小於埃或遠小於埃就必須用量子力學。對於原子核（尺度在 0.0001 埃）的運動這種非常微觀的事情，其實牛頓力學方程式還是近乎適用的。其原因在於，原子核的質量是相對較大的，其波動性的一面不是很明顯。有一門所謂的「古典的分子動力學」的學科，就是將原子核的運動用古典的牛頓方程式組來描述的。

> 只要一個粒子的粒子性遠大於其波動性的時候，就是牛頓力學適用或近似適用的時候。

　　有一種「通用的」說法，用來說明什麼時候應該使用量子力學，那就是：當普朗克常數 h 發揮作用的時候就是應該使用量子力學的時候。當普朗克常數可以被略去不計的時候，就可以使用古典物理學。這種說法當然是準確的，只是聽起來好像對我們理解什麼時候量子概念發揮作用並沒有很大的幫助。另一個類似的說法是，當牛頓運動方程式不能適用的時候就應該使用量子力學方程式（這個說法對我們好像也沒有什麼幫助）。所以，有必要說明一下什麼時候量子力學會過渡回古典力學，這就不得不談到對應原理。關於對應原理的系統闡述，最早可見於波耳在 1918 年的論文，而關於對應原理的思想萌芽，則在波耳 1913 年發表的劃時代論文中就可以明顯地看出來。正

式使用「對應原理」這個詞則是在 1920 年波耳的論文當中。對應原理提出：
「在大量子數的極限情況下，量子體系的行為將漸近地趨於與古典力學體系相
同。」對於已經有一點量子力學知識的人來說，很容易看到，當氫原子中主
量子數 n 變得很大時，電子的能級就不再是分立的，而是趨於連續的（波耳
的分立軌道概念就不見了）。所以，這時候大量子數 n 之下的量子力學就趨
近於古典力學。

> 普朗克為了限制輻射能量的最小值，假設了一個普朗克常數 h，
> 一百多年來，這個常數的出現成為量子理論適用範圍的標誌。

第 1 章   引論

第 2 章　古典物理學的困境

2.1　牛頓三個運動定律遇到了問題

　　牛頓（圖 2.1）的三個運動定律是古典力學的基石，從 17 世紀開始就統領了人類對整個宏觀世界中物體運動的描述。但是，在微觀世界領域，牛頓力學遇到了根本意義上的困難。換句話說，牛頓的這些定律在微觀領域有時是完全不對的（有時是近似正確的）。在本節中，我們將逐個指出牛頓三個定律的不完善之處（若有更多意見請指教）。

圖 2.1　牛頓畫像

2.1.1　對牛頓第一定律的討論

　　「一個自由的粒子，它的運動狀態會如何？」這個問題的答案在牛頓力學中可能表述為「要嘛停著不動，要嘛作等速直線運動」，這就是牛頓第一定

律。但是，既然是自由的粒子，憑什麼要停在空間的某一點（停住不是反而顯得不那麼自由了嗎），又憑什麼要沿著某個特定的方向作等速運動（沿某一方向運動又顯得有點被迫了，即不那麼自由了）。自由的含義似乎意味著應該可以沿著任意的方向作任意狀態的運動。看來牛頓力學的這個基礎有一些問題。我們來分別討論和對比一下古典物理學和量子力學對自由粒子運動的解釋。

> 「一個完全自由的粒子，它的運動狀態應該如何？」這是一個非常值得思考的問題！如果想通了，將大有裨益。

牛頓力學對某一時刻運動狀態的描述是基於前一時刻粒子的運動狀態的，如果在某前一時刻粒子停著不動，或作等速直線運動，那麼對於一個「自由」的粒子來說，這種運動狀態此後將保持下來。或者說，由於是一個「自由」的粒子，那麼將沒有力可以改變它原來的運動狀態，從而將繼續保持靜止不動或作等速直線運動。也就是說，粒子會在空間的哪一點，以及會作什麼方向和什麼速度的運動，完全取決於粒子在這之前的狀態（以及受力情況）。事實上，在我們日常生活中還沒有碰到過自由粒子的情況，遇到的多半都是總合力為零的例子，因為還不存在不受力的宏觀粒子。牛頓力學似乎也還沒有被用到完全自由的粒子上，而只用到淨力為零的情況。但是不管怎樣，至少在牛頓力學中還沒有將自由粒子的運動狀態描述為：粒子處在空間任意位置的機率是一樣的（這是量子力學的描述）。

> 牛頓第一定律是對宏觀世界裡大量的實驗事實進行深入探究之後總結出來的。很可惜，它在微觀世界裡並不適用。

在量子力學裡面，對自由粒子狀態的描述是：「對於一個自由粒子，在空

間中的任意一點找到該粒子的機率是一樣的」。因為既然是自由粒子，那它確實完全有理由出現在任何地方（不是同時出現在任意地方！這一點即便對物理系的學生來講也是容易混淆的），而且出現在任一地方的機會是一樣的。量子力學中，自由的粒子沒有理由要停在空間的某一點（這樣顯得不自由），也沒有理由要沿著某個方向作等速運動（這種運動狀態是被迫的），它完全可以出現在空間中的任何一點。但是，值得特別注意的是，一旦捕捉到該粒子，它表現出來的就是一整個粒子，它有明確的質量、電荷和自旋等。這樣看來，量子力學的描述能夠更好地體現自由粒子中「自由」二字的含義。也可以說，量子力學的哲學基礎比牛頓力學的哲學基礎更加先進了（這裡討論的只是古典力學和量子力學的哲學基礎之一）。理解「對於自由粒子，在空間中的任意一點找到該粒子的機率是一樣的」對理解量子力學是極其重要的，它在邏輯理解上其實並沒有什麼困難。同樣地，理解這一點對閱讀本書也是很重要的。

　　在古代，對物體的運動早就有了「珠子走盤，靈活自在，實無定法」之說，即試圖說明珍珠在圓盤中的滾動「實無定法」。這種說法在「形式上」與牛頓的第一定律有所相悖（即與應該作等速直線運動相違背）。所以這種說法似乎表明了，古人很早就已經部分地（哪怕只是部分地）認識到了量子力學的基礎，即自由粒子的運動應該「實無定法」。可惜的是沒有後人將這個思想加以歸納、進行數學化以及作物理解釋。沒有數學化的想法在物理上是沒有用處的，因為沒有數學化也就沒有辦法再作進一步的數學演繹，也就無法產生新的結果和推論。類似的事情在歷史上應該還有很多，古人很多時候都能夠作非常抽象的哲學思考，往往卻缺少再進行具體推論的能力（數學化的能力）。筆者覺得，只有基於數學的推演才是最有力和最完整的。

以上討論了這麼多，在物理課本中的表達就是一句話：「自由粒子的波函數是平面波」。一個自由的電子可以處在空間中的任意位置，等價於「平面波的平方＝常數」（嚴格地寫，這裡的「平方」應該是模的平方，稱為「模平方」，但是本書不區分波函數的平方和模平方），這個常數就意味著在空間任一位置找到該電子的機率相等（但這並不是說，電子是瀰散在整個空間的，實際上，一旦找到該電子，那麼找到的就是一整個電子）。最後，為什麼說用機率的表達顯得比較合理呢？因為自由粒子確實是應該等機率地出現在空間的任意一點上。總而言之，與古典物理學相比，量子力學的描述能夠更好地體現自由粒子中「自由」二字的含義。

> 對自由粒子的描述，顯然量子力學更加合理一些，能夠更好地體現自由粒子中「自由」二字的含義。

在一次餐會上，我們不知為何竟然談到了量子力學的根本問題。於是我問道：「如果完全沒有約束（當然是指物理約束，而不是道德約束），一個完全自由的你會怎麼樣？」一個朋友說：「那我會在空中隨意地到處飄！」哇，這位朋友的直覺竟然相當地正確！這剛好比較符合（不嚴格地）量子力學中一個自由粒子的運動圖像。而另一個朋友則說：「那我就回去睡覺，或者坐高鐵回家看父母。」「天哪！」這個回答也是如此的奇妙，它剛好比較符合古典力學中一個自由粒子的運動圖像，也就是自由的古典粒子要嘛在某一點上不動（在床上睡覺），要嘛作等速直線運動（在高鐵上）。總之，前一朋友的回答確實是相當合理的，而後一朋友的回答只是作者的玩笑罷了（古典情況下是合理的）。

2.1.2　對牛頓第二定律的討論

　　我們先來看看牛頓力學是如何描述物體運動的。有人說，力是物體運動的原因，或者說，物體的運動是因為在其運動方向上被施加了力，這種說法帶有很大的誤解。試想在廣闊的北極冰面上，有一個滑動了很長距離的物體（假設摩擦力非常小），這種情況下，物體雖然在運動但是並沒有受到淨力的作用，即沒有在物體運動的方向上（滑動的方向上）被施加力。可見，力不是物體運動的原因。其實，力是物體運動發生改變的原因。對物理系的學生而言，這是很容易理解的：因為牛頓第二定律告訴我們 $F=ma$，F 為物體所受的力，a 為物體運動的加速度，以及 m 為物體的質量。這個公式告訴我們，力是引起加速度的原因，而不是引起速度（或運動）的原因。因為加速度來自於速度的變化（速度不變，就沒有加速度），可見也可以說，力是物體的運動速度發生變化的原因。力與加速度總是在同一個方向上，但是物體的運動方向可以和力或者加速度的方向相反，汽車的剎車便是一個簡單的例子。

　　以上是古典力學對物體運動定律的描述。那麼，在微觀世界裡的情況又是怎樣的呢？前面多次提到，一個自由的（即沒有受到約束的）微觀粒子的狀態被描述成：可以處在空間的任意一點上，而且處在各點的機率一樣（即波函數為平面波）。可見，只有對粒子進行「約束」（或散射），從而使其不再是自由粒子，才能改變這個微觀粒子的平面波狀態。換句話說，如果對粒子進行了某種約束，那麼在空間各點找到該粒子的機率就不一樣了（粒子的波函數就不再是平面波了），粒子處在有約束的區域的機會就會多一些。由此可以看到，量子力學下的所謂約束大致可以對應於古典力學中的力的地位。力是古典粒子的運動發生改變的原因，而約束則是量子力學粒子的波函數偏離平面波的原因。約束在量子力學中對應於一種被稱為「勢能函數 V」的東西

（$V<0$ 的情況，稱為勢陷；$V>0$ 對應於一種散射），它是一個數學表達式，將被包含到量子力學最基本的運動方程式當中（將在下面的章節中討論）。

> 牛頓第二定律是古典力學的基礎，但是在微觀世界中有時並不正確。在量子力學中，它被薛丁格方程式所取代。

總之，從上面的討論可以看到，古典力學的應用基本上就是先受力分析，然後求解牛頓第二定律的運動方程式；而量子力學的應用基本上是先確定好約束（或者說寫出 V 的函數），然後求解量子力學的基本方程式 —— 薛丁格方程式，或各種等價形式的量子力學方程式。

現在，我們來看看「為什麼需要在量子力學中拋棄牛頓第二定律」。也就是說，為什麼在量子力學中我們必須拋棄軌道、瞬間速度、瞬間加速度這樣的概念？正是這些概念的「不適用」將直接導致我們必須放棄牛頓第二定律。這個問題也是大學生們最喜歡問的問題之一。答案可以從多方面進行說明。這裡，我們只簡潔地給出兩方面的理由。

一、既然粒子可以是完全自由的，那它確實完全有理由出現在任何地方，而且出現在任一地方的機率是一樣的，這就意味著粒子運動軌跡的概念是不合時宜的。如果軌跡的概念是不好的，那自然而然速度的概念就是不對的；而如果速度的概念是不對的，那當然加速度的概念就是不對的了。如果加速度沒有了，那牛頓運動方程式就無法運用了。由此可見，量子力學的框架應該完全不同於牛頓力學的框架。

> 對於一個微觀粒子而言，它的軌跡、瞬間速度和瞬間加速度等都是不可觀測的量，所以這些物理量是應該被拋棄的，這是量子力學的邏輯。

　　二、對於一個微觀粒子（如一個電子）而言，它的軌跡、瞬間速度和瞬間加速度是不可觀測的量（不過，系統可以有平均速度和平均加速度等）。這種不可觀測的量是應該被拋棄的，這是量子力學的邏輯。也就是說，量子力學是建立在可觀測量的基礎上的。其實，這是很有道理的，既然根本就不能測量出電子的軌跡、速度和加速度（指瞬間速度和瞬間加速度，下同），說明電子的軌跡、速度和加速度在微觀領域裡都是不好的物理量，應該拋棄它們。一個重要的例子就是原子中作「軌道」運動的電子，這時電子的位置、軌道、速度以及加速度都是不可測量的，所以在原子物理中，這些概念都被拋棄了。

> 微觀情況下，物體的動量和位置不是可以同時準確獲知的量，因而牛頓動力學方程式會因為缺少準確的初始條件而無法求解。

2.1.3　對牛頓第三定律的討論

　　牛頓第三定律的表述為：「作用力和反作用力大小相等，方向相反」。這個定律也是存在問題的，主要是因為它隱含著一種瞬間的相互作用，即相距一定距離的兩個粒子之間的力與反作用力是瞬間傳遞的。但是，按照近代物理的觀點，力是透過場以有限的速度傳遞的，這個傳遞速度不能大於光速。所以，一個粒子對其他粒子的作用要經過一定的時間才能到達。而在這段時間內，粒子間的距離以及作用力的大小和方向可能都已經發生了變化。這就使得某一瞬間兩個粒子之間的「作用力大小相等，方向相反」這樣的關係不再成立。在量子力學裡，力的概念已不再處於中心地位，牛頓力學在微觀世界中也不再適用（絕大多數情況下）。但是，像能量守恆、動量守恆和角動量

守恆等這些守恆定律在微觀領域或量子力學下都還是正確的，因為守恆定律有著更加普遍、非常深刻的自然根基，即對稱性（參見附錄 B）。

> 愛因斯坦一直強調，任何相互作用的傳播速度都應該是有限的。

2.2　量子論創立之前的古典物理學

到 19 世紀末，古典物理學似乎已經征服了全世界，它的理論框架可以描述人們所知的一切現象。古老的牛頓力學歷經風吹雨打而始終屹立不倒，反而越來越凸顯出它的堅固。從地上的石頭到天上的行星，萬物都遵循著牛頓給出的規律而運轉著。1846 年海王星的發現，更是牛頓力學所取得的偉大勝利。另一方面，隨著 1887 年赫茲從實驗上證明了馬克士威方程式組所預言的電磁波的存在之後，與古典力學體系一樣雄偉壯觀的古典電磁理論也建立起來了。馬克士威的電磁理論在數學上完美得讓人難以置信，作為其核心的馬克士威方程式組簡潔、對稱、深刻得使每一位科學家都陶醉其中。無論從哪個意義上說，古典的電磁理論都是一個偉大的理論。它的管轄領域似乎橫跨了整個的電磁波頻段，從無線電波到微波、從紅外線到紫外線、從 X 射線到 γ 射線……所有的運作規律都由馬克士威方程式組很好地描寫著，而可見光區域不過是一個小小的特例吧。所以，光學領域可以用電磁理論來覆蓋。至於熱學領域，熱力學三大定律已經基本建立（第三定律已經有了雛形），在克勞修斯、凡得瓦、馬克士威、波茲曼以及吉布斯等人的努力下，分子運動論和統計熱力學也成功地建立了起來。非常重要的是，這些理論之間可以彼此相符而又互相包容。古典力學、古典電動力學和古典熱力學（加上古典統計力學）構成了當時古典物理世界的三大支柱。

> 19 世紀末古典物理學達到了鼎盛水準，古典力學、古典電動力學
> 和古典熱力學（加上古典統計力學）得到確立，所有的物理現象
> 都可以描述了。

現在，我們可以來定義一下什麼是古典物理學家和古典物理學了：19 世紀以來，由牛頓力學和馬克士威電磁理論培育起來的物理學家就可以稱為古典物理學家。而古典物理學當然包含上面講到的牛頓力學、馬克士威電磁理論以及古典的熱力學和統計力學。

這是古典物理學的黃金時代，物理學的力量似乎從來都沒有這樣強大過。從當時來看，幾乎我們所知道的所有物理現象都可以從現成的物理理論那裡得到解釋。力、熱、光、電、磁……一切的現象，似乎都可以在古典物理學理論的框架之內得以描述。以至於一些著名的物理學家都開始相信，所有的物理學原理都已經被發現，物理學已經盡善盡美，再也不可能有什麼突破性的進展了。如果說還有什麼要做的，那就是做一些細節上的改進和補充了。一位著名的物理學家說：「物理學的未來，將只有在小數點第六位後面去尋找。」普朗克的導師甚至也規勸普朗克不要再浪費時間在物理學上。普朗克的導師這樣說道：「物理學是一門高度發展的、幾乎是盡善盡美的科學……這門科學看來很接近於採取最穩定的形式。也許，在某個角落還有一粒灰屑或一個氣泡，對它們可以去研究和分類，但是，作為一個完整的體系，那是建立得足夠牢固的；理論物理學正在明顯地接近於幾何學在數百年中所具有的那樣完善的程度。」這個說法在當時是非常有代表性的，也非常恰當地反映了 19 世紀末古典物理學已經達到的鼎盛情況。19 世紀末這樣偉大的時期在科學史上也是空前的。但是，我們很快就會看到，古典物理學還有一些難以克服的困難，這樣強大的物理學帝國終究也只能是曇花一現，量子的革命

將席捲整個物理學的帝國。不過，命運在冥冥之中也注定了「量子」的觀念必須在新的世紀（20 世紀）才可以出現。

> 雖然古典物理學看起來相當完整，但是這種輝煌的年代很快就將結束，量子革命即將來臨。

在敘述量子力學的發展史時，關於「兩朵烏雲」的比喻是如此著名，以至於似乎在所有的量子力學史的書籍裡都會提及。所以，我們也花費一兩頁的篇幅簡單討論一下。

1900 年 4 月，新的世紀剛剛來臨不久。在倫敦的皇家研究所（Royal Institute，Albemarle Street）有一個非常重要的科學報告會正在進行。包括歐洲有名的科學家都來聆聽德高望重的克耳文男爵（圖 2.2）在新世紀關於物理學的發言。克耳文在名為「在熱和光的動力理論上空的 19 世紀的烏雲」的演講中，講到了這樣一句話：「The beauty and clearness of the dynamical theory, which asserts heat and light to be modes of motion, is at present obscured by two clouds.」這就是在敘述量子力學的發展中，非常著名的所謂「兩朵烏雲」的說法。這句話的最優美（但可能也是偏離原文最多）的翻譯是：「在物理學陽光燦爛的天空中還飄浮著兩朵小烏雲。」這兩朵著名的烏雲分別指的是人們在「乙太」研究和「黑體輻射」研究上遇到的困境。

圖 2.2　克耳文男爵

　　第一朵烏雲實際上就是指邁克生─莫雷實驗。這個實驗本身是極其重要的，它直接預示了「乙太」這個古典時空觀所依賴的物質是完全可以被拋棄的。當相對論被提出之後，「乙太」的概念更是自然而然的退休了。我們還是來簡單地看一下邁克生─莫雷實驗：這個實驗的用意就是要探測光乙太對於地球的飄移速度。因為乙太在當時被認為是代表了一個絕對靜止的參考系，所以地球的運動必定要在乙太中穿行。也就是說，地球就像是一艘船在高速的航行，迎面一定會吹來強烈的「乙太風」。邁克生（Albert Abraham Michelson）和莫雷採用了最新的干涉儀，並把實驗設備放在一塊大石板上，再把大石板放在一個水銀槽上，這樣就把干擾的因素降到了最低。但是實驗發現，兩束光線根本就沒有表現出任何的時間差（光程差）。換句話說，乙太似乎對穿越其中的光線不產生任何影響（即光線根本就沒有感覺到有乙太風的存在）。邁克生─莫雷的實驗結果在當時的物理界引起了轟動。這個實驗無情地否定了古典物理學假設的一種無處不在的媒介。當時，不相信古典物理學在這裡存在問題的勞侖茲等人提出，物體在運動方向上會發生長度的收縮，從而使得乙太相對於地球的運動速度無法被觀測到。這當然只能短暫地繼續保留乙太的概念，愛因斯坦狹義相對論的提出徹底地拋棄了乙太。更多的關於這第一朵「烏雲」的內容請參考相關書籍。

　　關於第二朵「烏雲」，指的是黑體輻射問題。當時，還沒有一個完整的理論公式可以描述黑體輻射的整個實驗譜。黑體輻射在量子力學的發展中有著非常特殊的意義，因為「量子」就誕生在普朗克試圖解決黑體輻射的理論困難之時。所以，我們將在下面的章節中仔細地探討這個問題。

　　在克耳文演講的聽眾中，大概沒有人會想到，克耳文提到的兩朵小烏雲對於物理學和整個科學來講將意味著什麼。可能誰也想像不到，正是這兩朵烏雲會給整個物理學界（由此延伸到整個世界）帶來前所未有的狂風暴雨式

的革命。實際上，基於這兩朵烏雲的新物理學徹底摧毀了舊的物理學大廈，並重新建造了兩棟更加壯觀宏偉的新大廈。由第一朵烏雲，最終導致了狹義相對論革命的爆發；由第二朵烏雲，則最終導致了量子論革命的爆發。

> 克耳文男爵所說的兩朵著名的「小烏雲」，在 20 世紀初誕生了兩個最偉大的科學理論：相對論和量子理論。

2.3　古典物理學遇到的困難

19 世紀末與 20 世紀初，古典物理學一方面被認為已經發展到了相當完善的地步，但是另一方面也遇到了一些嚴重的困難。這些困難在各類量子力學書籍中都有比較詳細的敘述。所以，我們僅在此給出比較簡要的討論。

古典物理學遇到的主要困難包括如下幾方面。

1. 黑體輻射問題（即上面提到的第二朵「烏雲」）。19 世紀末，人們已經認識到熱輻射和光輻射一樣都是電磁波，但是在黑體輻射的能量隨輻射頻率的分布問題上，還沒有辦法給出一個完整的公式。普朗克首先給出（猜出）了一個完美的黑體輻射公式，隨即便革命性地引入了「量子」的概念。可以看到，黑體輻射問題與量子論的誕生密不可分，是最重要的一個古典物理學遺留下的問題。在 3.1 節中，我們還將相當詳細地談到這個問題。

> 雖然古典物理學已經相當完備，但是還有一些諸如黑體輻射、光電效應、原子光譜、固體比熱和原子的穩定性等問題存在。這些問題最終導致古典物理學的「崩潰」。

2. 光電效應問題。赫茲在 1888 年就發現了光電效應，但他沒有給出任

何解釋（赫茲英年早逝）。1896 年，約瑟夫・湯姆森（Joseph John Thomson）透過氣體放電和陰極射線的研究發現了電子。之後，人們認識到光電效應是由於紫外線的照射，大量電子從金屬表面逸出的現象。透過基於馬克士威方程式組的光子理論，即古典的電磁波理論，人們無法解釋光電效應的實驗事實。成功地解釋光電效應是愛因斯坦的貢獻，我們將在 3.2 節中給出比較詳細的描述。

3. 原子的線狀光譜。最原始的光譜分析始於 17 世紀的牛頓時代，19 世紀中葉之後才得到迅速的發展。人們已經使用不同元素特有的標誌譜線來做微量元素的成分分析。但是，原子光譜為什麼不是連續的，而是呈現分立的線狀光譜？這些線狀光譜產生的機制是什麼？⋯⋯這些問題要等到波耳的量子論原子模型提出之後，才能得到解釋。

4. 固體比熱容的問題。按照古典統計力學，固體的定容比熱容應該是一個常數，即所謂的杜隆—泊替定律（1819 年）。但是後來的實驗發現，在極低溫下固體的比熱容趨於零（實際上，多原子分子的比熱容也存在類似的問題）。這種實驗和理論不相符的現象是個嚴重的問題，它明確預示著理論的出發點可能存在問題。解決固體比熱容問題的第一功臣也要歸於愛因斯坦。

5. 原子的穩定性問題。1904 年，約瑟夫・湯姆森提出了所謂的「葡萄乾布丁」原子模型：即正電荷均勻地分布在原子中，而電子則作某種規律的排列（像葡萄乾一樣嵌在布丁中，如圖 2.3 所示）。1911 年，拉塞福用 α 粒子去打擊原子，發現原子中的正電荷集中在一個很小的區域中而形成「原子核」，電子則圍繞著原子核運動。但是拉塞福的原子模型在古典物理學看來存在「穩定性」問題，即電子在核外作加速運動將不

斷輻射而喪失能量，最終會「掉到」原子核裡去。原子穩定性問題的解決當然需要量子力學，我們會在 3.3 節中繼續討論原子的穩定性問題。

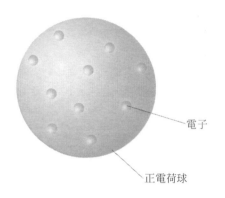

電子

正電荷球

圖 2.3　葡萄乾布丁原子模型

除了以上這些古典物理學所遇到的主要困難之外，在 19 世紀的最後幾年實際上還連續發生了其他一些事情，它們對古典物理學也是一種不祥之兆（也可以說是新的革命性的力量）。例如：

> 19 世紀末還發現了 X 射線、放射現象以及元素的嬗變現象等，並開始陰極射線的研究。這些都將有助於推倒古典物理學的大廈。

· 1895 年，倫琴發現了 X 射線；
· 1896 年，貝克勒（Antoine Herni Bacquerel）發現了鈾元素的放射現象；
· 1897 年，瑪里·居禮和她的丈夫研究了放射性，發現了更多的放射性元素，如鐳、釷、釙；
· 1897 年，約瑟夫·湯姆森在研究了陰極射線後認為它是一種帶負電的粒子流，從而發現了電子；拉塞福發現了元素的嬗變現象。

第 3 章　舊量子論時期

3.1　新世紀來臨：普朗克的突破

　　普朗克（圖 3.1），於 1858 年 4 月 23 日出生在德國的基爾，他的父親是一位著名的法學教授。他的祖父和兩位曾祖父都是神學教授。1867 年，普朗克一家搬到了慕尼黑，於是普朗克便在慕尼黑完成了他的中學和大學教育。普朗克保持著古典時期的優良風格，對音樂和文學有著濃厚的興趣，也表現出非凡的天資。早年他曾經在音樂和科學之間搖擺不定，從中學時期起，普朗克的興趣開始轉到自然科學方面。如果說德國失去了一位優秀的音樂家或文學家，它卻得到了一位深刻影響人類歷史的科學巨匠。

圖 3.1　普朗克

普朗克讀大學時正是古典物理學的黃金時期，看起來物理學的大廈已經基本建成，剩下的只是進行一些細節的修補而已。這種情況下從事理論物理的研究應該是一個很沒有前途的工作。難怪普朗克的導師曾勸他不要把時間浪費在物理學這個沒有多大意義的工作上面。還好，普朗克委婉地表示，他只是想把現有的東西搞清楚罷了，他讀物理只是出於對自然規律和理性的興趣。現在看來，普朗克的上述「很沒有出息」的意願卻成就了物理學歷史上最偉大的突破之一：「量子」概念的提出。我們當然也為普朗克的決定感到慶幸。

> 普朗克的導師曾勸他不要把時間浪費在物理學上面，因為物理學已經沒有什麼大事可做了。值得慶幸的是，普朗克沒有放棄物理，這最終促成了他對量子的偉大發現。

1879 年普朗克在慕尼黑大學獲得博士學位，隨後在基爾大學和慕尼黑大學任教。1887 年普朗克接替基爾霍夫，來到柏林大學擔任理論物理研究所的主任。普朗克原來的研究領域是古典熱力學，但是 1896 年起他開始對黑體輻射產生了極大的興趣，這主要是因為受到了維恩的黑體輻射公式以及相關論文的影響。普朗克就這樣不知不覺地走到了時代的最前線。

為什麼大家對黑體輻射感興趣呢？原來 19 世紀後半葉煉鋼工業發展很快，而煉出的鋼的質量與鋼水的溫度有密切的關係。但是當時並沒有傳統的溫度計可以測量爐內鋼水的溫度，所以煉鋼工人只能憑經驗從鋼水的顏色來判斷鋼水的溫度。在這種背景下，物理學家希望能夠透過黑體輻射的特徵曲線來幫助人們科學地、定量地判斷一個黑體的溫度。值得注意的是，煉鋼爐上開一個觀察用的小孔正好就是一個非常接近理想的黑體。可見，19 世紀冶金高溫測量技術的發展推動了對熱輻射的研究。

　　到 19 世紀末，人們已經認識到熱輻射與光輻射一樣都是電磁波。熱輻射是物體由於具有溫度而輻射電磁波的現象，是一種物體用電磁輻射的形式把熱能向外散發的傳熱方式，它可以不依賴任何外界條件而進行。熱輻射的光譜是連續譜，原則上波長可以覆蓋整個頻段，一般的熱輻射主要靠波長較長的可見光和紅外線傳播。1894 年，維恩從古典熱力學的思想出發，假設黑體輻射是由一些服從波茲曼理論的分子發射出來的，然後透過縝密的演繹，導出了輻射能量的分布定律，也就是著名的維恩公式。很快，帕邢對各種固體的熱輻射的測量結果都很好地滿足了維恩公式。但是另一方面，維恩的同事盧默（Otto Richard Lummer）和普林舍姆在 1899 年報告，當把黑體加熱到近千攝氏度時，測量得到的短波範圍的曲線與維恩定律符合得很好，但是在長波長的時候實驗與維恩理論不相符。

　　維恩定律在長波長情況下的不適用引起了英國物理學家瑞立的注意，他試圖去修改維恩公式。他的做法是拋棄波茲曼的分子運動假設，簡單地從馬

圖 3.2　馬克士威

克士威（圖 3.2）的理論出發，最終推出了瑞立自己的公式。後來，另一位物理學家金斯計算出了（糾正了）瑞立公式中的常數，這樣就構成了今天我們看到的瑞立─金斯定律。瑞立─金斯定律只在長波長的區域與實驗數據符合，但在短波方面是失敗的。因為當波長趨於零（也就是頻率趨於無窮大）時，瑞立─金斯定律顯示，輻射能量密度將無限制地增加，這顯然是不對的（稱為「紫外災難」）。

現在，擺在普朗克以及大家面前的有兩個公式，即維恩公式和瑞立—金斯定律，它們分別只在短波長和長波長的領域內適用。普朗克很早就知道有維恩公式，而瑞立公式是 1900 年 10 月初才由實驗物理學家魯本斯告訴普朗克的。儘管如此，普朗克應該早已知道黑體輻射能量的長波極限。

> 量子概念的提出是基於對黑體輻射的深入研究。當時，關於黑體輻射有維恩和瑞立—金斯兩個公式，它們分別只在短波長和長波長的領域內適用。

普朗克對上述兩個公式的推導並不成功。後來，他「無意」中湊出了一個公式，這個公式能夠很自然的在短波區域趨於維恩公式，而在長波區域趨於瑞立—金斯定律。或許有人認為普朗克真的是無意得到公式的，但是我們應該知道，普朗克在黑體輻射這個問題上已經耗費了六年的時光，六年間的所有努力可能都與這個「無意」是有關聯的。普朗克找到的輻射公式是

$$E_v \mathrm{d}v = \frac{c_1 v^3}{\mathrm{e}^{c_2 v/T} - 1} \mathrm{d}v$$

式中，v 為頻率，T 為溫度，c_1 和 c_2 為常數，E_v 為輻射能量密度。1900 年 10 月 19 日，普朗克在柏林物理學會的會議上提出了上述公式，並請求給予驗證。第二天上午，普朗克的親密同事魯本斯便來拜訪普朗克，說他在會議結束的當晚就仔細對比了他的測量數據與普朗克公式，發現結果互相符合得非常好（圖 3.3）。後來，實驗上原本認為的與普朗克公式的偏差也被證明是計算錯誤造成的，並不是普朗克公式的問題。接下來的實驗測量也一再證實了普朗克的輻射公式（測量方法越精密，結果與普朗克公式符合得越好）。

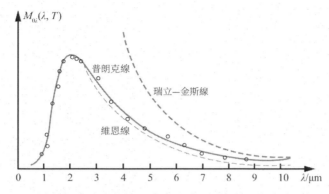

圖 3.3 普朗克公式與維恩公式及瑞立─金斯定律的結果對比

　　普朗克公式雖然是靠經驗猜出來的，但是它如此優美而且簡單，與實驗數據又符合得這麼好，這絕非偶然。在這個公式的背後一定蘊藏著尚未被我們所發現的非常重要的科學原理。那麼，它到底是建立在什麼樣的理論基礎之上的呢？這個公式為什麼管用？這些問題連公式的發現者普朗克本人都還不知道。但是，普朗克十分清楚，即便是人們完全肯定了這個新的輻射公式，而且承認它的絕對準確和有效性，倘若把它僅僅看成是僥倖推測出來的一個內插公式的話，那麼這個公式就只有形式上的意義而已。所以，普朗克給自己提出了一個極其重要的課題：賦予這個公式以一個真實的物理意義！多年以後，普朗克在給他人的信中這樣寫道：「當時，我已經為輻射和物質奮鬥了六年，但是一無所獲。我知道，這個問題對於整個物理學至關重要，我也已經找到了確定能量分布的那個公式。所以，不論付出什麼代價，我必須找到它在理論上的解釋。而我也非常清楚，古典物理學是無法解決這個問題……」普朗克也清楚，如果從波茲曼運動粒子的角度來推導黑體輻射定律，那會得到維恩公式；要是從馬克士威電磁輻射的角度來推導輻射定律，那就會得到瑞立─金斯定律。那麼，新的輻射公式到底要從粒子的角度還是

波的角度來推導呢？在經歷了種種嘗試和失敗之後，普朗克發現，他必須接受統計力學的立場，把熵和機率的概念引入到系統中來。普朗克在經歷了「一生中最忙碌的幾個禮拜」之後，他終於看見了黎明的曙光。普朗克終於明白，為了使上述的普朗克輻射公式成立，必須作一個革命性的（有重大歷史意義的）假設，這就是：能量在發射和吸收的時候，不是連續不斷的，而是分為一份一份地進行的。這「一份一份的」就是所謂的「量子」（量子是能量的最小單位）！所謂量子力學字面中的量子二字當然就是基於這個意思。

> 為了解決實驗與古典理論在「黑體輻射」上不相符的難題，普朗克在 1900 年第一次提出量子化的概念。

普朗克假設黑體電磁輻射的能量是一份一份的（「量子」的意義之所在）。如果真的是這樣，那麼首當其衝應當受到質疑的便是馬克士威偉大的電磁理論。有趣的是，普朗克並不認為這裡面有什麼問題，因為普朗克認為他自己的「量子假設」並不是真的物理實在，而純粹只是為了方便而引入的一個假設而已，所以馬克士威理論在普朗克看來並非一定要受到衝擊。可見，當時普朗克並沒有認識到他自己的理論偉大的歷史意義。或許是因為年紀比較大的緣故，普朗克在物理上是相當保守的。面對在量子概念被提出之後繼而發生的一系列革命性的事件時，普朗克簡直難以相信，並為此惶恐不安。當然，我們並不能因此而否定普朗克對量子論所作出的決定性的貢獻。雖然普朗克公式在很大程度上是從經驗中得來的，但是他以最敏銳的直覺給出了「量子」這個無價的假設，這本身就是可貴的。可以說，普朗克為後人打開了一扇通往全新的未知世界的大門，無論從哪個角度看，他的偉大工作的意義都是不能被低估的。

普朗克的劃時代的論文《論正常光譜能量分布定律》於 1900 年 10 月 19

日和 12 月 14 日在德國物理學會上被宣讀，後於 1901 年發表在《物理年鑑》上。1900 年 12 月 14 日這一天，被公認是量子的誕生日。一個物理理論或物理概念能夠有一個大家公認的確切的誕辰，這本身就是非常有趣的。幾年之後的 1905 年，愛因斯坦的幾篇劃時代論文也是發表在《物理年鑑》上的，可見當時德國是物理學發展的中心。普朗克在論文發表約 20 年後的 1918 年，因發現「量子」而獲得了諾貝爾物理學獎。

> 大家都公認 1900 年 12 月 14 日是量子論的誕生日。此後，量子力學的發展遠遠超出了任何一個最能幻想的科幻小說家的想像。

有趣的是，普朗克在發現量子後的多年間一直力圖推翻他自己對物質和輻射的革命性思想（有點像自己跟自己過不去）。「要想跟古典物理學家講通量子理論，比向初學者解釋還要難得多」，普朗克的例子就像是這樣的情況。對於量子論的發展，普朗克感到驚訝，並且不敢接受發生的一切。普朗克做夢也沒有想到，他的工作何止是僅僅改變了物理學的面貌而已，整個化學都被摧毀和重建了。神奇的量子時代就這樣拉開了帷幕。

> 普朗克的發現絕不僅僅是改變了物理學的一部分面貌而已。事實上，大部分現代物理學和整個化學都被徹底摧毀和重建了。

3.2　光電效應

在普朗克革命性地提出量子的概念之後的四年多的時間裡，整個物理學界的境遇並沒有發生什麼大的變化。普朗克本人幾乎也是「拋棄」了他自己提出的「量子」（因為他一直在尋找他自己理論的古典物理解釋），而且大多數人都不去追究普朗克公式背後的意義。但是，物理學上空的烏雲正變得愈

加濃厚，一場暴風雨看來是不可避免的了。

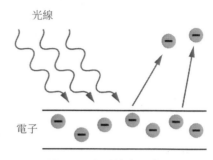

圖 3.4　光電效應示意圖

　　這一道劈開天地的閃電就是所謂的「光電效應」。這是一個由偉大的科學家赫茲最早描述的實驗現象，它在量子力學的發展過程中也有非常重要的意義。愛因斯坦就是因為從理論上正確地解釋了這個光電效應而獲得 1921 年的諾貝爾物理學獎。當然很多人會問，愛因斯坦為何不是因為發現相對論而獲諾貝爾獎的呢？這裡面有一些意味深長的故事（請參考其他相關書籍，因為它偏離了我們故事的主軸）。鑑於光電效應（圖 3.4）的重要性，讓我們來詳細描述一下。

> 普朗克提出量子概念之後，四年多裡受到冷落，直到愛因斯坦對光電效應的解釋出現。愛因斯坦透過「光量子」乾脆俐落地解釋了光電效應。

　　當光照射到金屬上的時候，就會從金屬表面打出電子。也就是說，原本被束縛在金屬表面原子（或內部原子）中的電子，當暴露在一定的光線下的時候，電子就會從金屬中逃出來，我們稱這種電子為「光電子」。這種光與電子之間的奇妙現象，被人們稱為光電效應。光電效應的兩個主要事實是：①對於某種特定的金屬來說，電子是否能夠被光從金屬表面打出來只與光子的頻率有關：頻率低於某個特定值，則一個電子也打不出來；頻率高於某個特定值，一定能夠把電子打出來，頻率高的光線能夠打出能量高的電子；②增加光線的強度，只是能夠增加被打出電子的數量而已。總之，能不能打出電子，由光的頻率決定；能打出多少個電子，則由光的強度決定。

　　以上便是所謂的光電效應。這個效應如果使用古典理論來解釋，會遇到很大的困難。

　　金屬產生光電效應時都存在一個極限頻率（或稱截止頻率），即照射光的頻率不能低於這一臨界值。當入射光的頻率低於極限頻率時，無論多強的光都無法使電子逸出。根據古典的電磁理論，這是很奇怪且說不通的。因為光是電磁波，電磁波的能量取決於它的強度，即只與電磁波的振幅有關，而與電磁波的頻率無關。所以，似乎只要給光（或說電磁波）以足夠的強度，而不管頻率的大小，則電子是一定可以打出來的。但是實際的情況並不是這樣的。光電效應中，所發射電子的能量取決於光的頻率而與光的強度無關，這一點也無法用光的波動性解釋。因為馬克士威理論認為，光能量的吸收應該是一個連續的過程，而且能量可以積累。所以，光的強度恰恰應該決定所發射電子的能量才是。但是實際情況並不是這樣的。光電效應還有一個特點，就是它的瞬間性。只要光的頻率高於金屬的極限頻率，光的亮度無論強弱，電子的產生都幾乎是瞬間的，不超過 10^{-9} 秒。但是按照波動理論，如果入射光較弱，則需要照射一小段時間，金屬中的電子才能積累足夠的能量，飛出金屬表面（即古典理論不能產生瞬間光電子）。

　　所有這些顯示，馬克士威理論在光電效應上是與實驗相矛盾的，這預示了古典馬克士威理論是有缺陷的。但是對於當時的物理學家來說，馬克士威方程式組還是像《聖經》一樣，誰也不敢去損害它的完美。但是，要想解釋光電效應，似乎必須突破古典理論。沒有天才和最大膽的傳奇人物，誰還能放棄馬克士威的理論呢？作出這個突破的便是物理學大師愛因斯坦（圖3.5）。1905 年，愛因斯坦還只是瑞士伯爾尼專利局裡的一名三等技師（而他申請的是二等），他每天要在辦公室工作八個小時，擺弄形形色色的專利申請

材料。空餘時間，愛因斯坦才可以鑽研各種他感興趣的物理問題。1905 年，愛因斯坦在《關於光的產生和轉化的一個啟發性觀點》一文中，用光量子理論對光電效應進行了全面的解釋。

愛因斯坦的相對論怎麼沒有獲諾貝爾獎？反而是光電效應獲獎？為什麼愛因斯坦當時很需要得個諾貝爾獎？這段歷史是很有趣的，可以去閱讀愛因斯坦的傳記。

愛因斯坦的解釋是從普朗克的量子假設那裡出發的：普朗克假設，能量的吸收或發射是不連續的，而是「一份一份」地進行的。這裡有一個基本的能量單位，就是所謂的「量子」。量子的大小由普朗克常數來描述，即 $E=h\nu$，h 即普朗克常數，ν 是輻射或吸收的頻率。所以，只要提高頻率，便會提高單個量子的能量。有了更高能量的量子，不就可以從金屬中打出更高能量的電子嗎？愛因斯坦將光看作光量子（或說粒子性）的做法，看來是正確

圖 3.5　愛因斯坦

的方向。更何況，提高光的強度，只是增加了光量子的數目罷了，相應地自然只是打出更多數量的電子而已！對於低頻的光來說，每一個光量子的能量都不足以把電子從金屬中「激發」出來。所以，含有再多的低頻光子都是無用的。對於喜歡公式的物理系學生來說，以下一個公式就可以很清楚地表達光電效應的意思：

$$\frac{1}{2}mv^2 = h\nu - \Phi$$

這裡 v 是被打出的電子所帶的速度，hv 是入射的光量子的能量，Φ 是電子從金屬中逃逸出來所需的最小能量（即功函數）。這裡的關鍵點是：光是以量子的形式被吸收的，沒有連續性，也沒有積累。一個光子只能激發一個電子，而且量子作用是一種瞬間的作用。

就這樣，在愛因斯坦引入光量子之後，光電效應的解釋就變得順理成章，一切就自然而然的和實驗事實相符了。但是，愛因斯坦引入的光量子說是與古典電磁波的圖像格格不入的，因為他強調的是光的粒子性。由於當時光電效應實驗本身也還沒有能夠明確地證實光量子假設的正確性（因為當時的實驗都還很粗糙），所以，愛因斯坦的光量子理論並沒有為多數人所馬上接受。事情到了 1915 年，美國人密立根為了證明愛因斯坦的觀點是錯誤的，進行了多次反覆的實驗。最終結果是非常有趣的：密立根的實驗數據非常有力地顯示，在所有情況下，光電效應都表現出了量子化的特徵。密立根本來想證明愛因斯坦是錯誤的，實際上反而完全支持了愛因斯坦原來的觀點。愛因斯坦關於光電效應的光量子解釋不僅推廣了普朗克的量子理論，還為波耳的原子理論和德布羅意的物質波理論奠定了基礎。

> 1905 年，完成光電效應解釋的愛因斯坦還只是專利局裡的一個小職員。這一年被稱為「奇蹟年」，因為這一年愛因斯坦完成了 6 篇論文，至少有 3 篇可以獲得諾貝爾獎。

3.3 有核原子模型

原子論的主張在古希臘時期就已經提出，它是科學史上一個非常重要的思想。因為原子論可以使得紛繁複雜的自然現象能夠得到統一的解釋，能

夠將宏觀的東西歸結為微觀的東西，而這些微觀的東西就是原子。如果我們把一個東西一分為二，它會變得更小，繼續對它一分為二，它還會變得更小……這個過程可以持續無限地進行下去嗎？原子論的回答是：不能！原子論認為，多次一分為二的極限是原子，而原子是不可再分的，這就是原子這個名詞本身的含義。1897 年，約瑟夫・湯姆森在研究陰極射線的時候，發現原子中有電子存在。這打破了上面提到的從古希臘人那裡流傳下來的「原子不可分」的理念。湯姆森的實驗明確地向人們展示了：原子不是不可分割的，它有內部結構。由於對原子結構缺少最基本的訊息，於是湯姆森就「展開他想像的翅膀」，給我們勾勒出原子這樣的圖像：原子呈球狀，帶正電荷，帶負電的電子一粒粒地鑲嵌在這個圓球上。這就是歷史上著名的關於原子的「葡萄乾布丁」模型（電子就像葡萄乾一樣，參見圖 2.3）。

> 湯姆森的「葡萄乾布丁」原子模型顯然缺少證據！拉塞福透過 α 粒子散射實驗，正確地確立了原子的有核模型。

湯姆森的模型顯然缺少證據！只有牢固地建立了科學思想的概念基礎，科學的大發展才有可能。所以，不正確的湯姆森模型並沒有推動原子科學的大發展。一直到了十多年之後的 1910 年，拉塞福和他的學生們進行了一個名垂青史的實驗，才終於正確地建立了原子模型，科學才由此得到了大的突破。

拉塞福的實驗大致如下（圖 3.6）：他們用帶正電的氦核（即 α 粒子）來轟擊一張很薄的金箔，最初的目的只是想確認一下「葡萄乾布丁」的大小等一些基本性質。但是實驗的結果卻是極為不可思議的。實驗中有少數 α 粒子的散射角度非常大，以致超過了 90°。拉塞福認識到，α 粒子被反彈回來必定是由於它們和金箔中原子內部某種極為堅硬的核發生了碰撞。這個核應該是

帶正電的，而且還集中了原子的大部分質量。另外，從只有一小部分 α 粒子遭受大角度的散射來看，那個核所占據的地方應該是很小的。拉塞福估計，核的大小不到原子半徑的萬分之一。

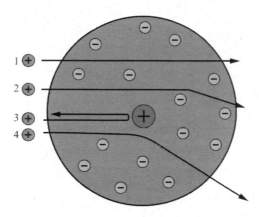

圖 3.6　α 粒子散射實驗

說起來，拉塞福（圖 3.7）是約瑟夫・湯姆森的學生。約瑟夫・湯姆森當時是一位大名鼎鼎的科學家，他是劍橋大學著名的卡文迪許實驗室的領袖，諾貝爾獎得主，電子的發現者。儘管如此，在新的實驗事實面前，拉塞福決定要修改他老師的「葡萄乾布丁」模型，這正是「吾愛吾師，但吾更愛真理」的優良品格。於是 1911 年，拉塞福發表了他的新的原子模型。新的原子圖像是這樣的（圖 3.8）：有一個帶正電的原子核位於原子的中心，它雖然很小但是占據了原子的絕大部分質量；在這個原子核的四周，帶負電的電子沿著特定的軌道繞著核運行。這是一個非常像行星系統的模型（如太陽系），所以自然而然地被稱為「行星系統模型」（原子核對應著太陽，電子對應著行星）。

> 「吾愛吾師，但吾更愛真理」。1911 年，拉塞福修改了他老師湯姆森的原子模型，發表了正確的新原子模型。

圖 3.7　拉塞福

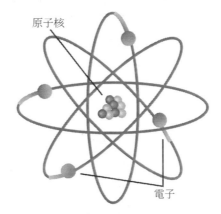

原子核

電子

圖 3.8　有核原子模型

　　值得一提的是，拉塞福既是一位偉大的物理學家，也是一位偉大的物理學導師（在 4.1 節中，我們還會提到索末菲也是一位偉大的物理學導師）。他能夠以敏銳的眼光去發現物理天才，又總是以偉大的人格去關懷他們。這樣，在拉塞福身邊工作的人，很多都表現得非常出色，從而產生了很多科學大師。這其中最有名的傑出人物當屬波耳和狄拉克。拉塞福一生至少培養了 10 位諾貝爾獎得主（這還不包括他自己），除了波耳和狄拉克之外，還有中子的發現者查兌克、威爾遜（Charles Thomson Rees Wilson）雲室的改進者（從而在宇宙線和核物理領域作出巨大貢獻）……以及四位諾貝爾化學獎得主。

> 拉塞福是一位偉大的物理學家，也是一位偉大的導師。他以敏銳的眼光發現物理天才，又以偉大的人格關懷他們。

3.4　波耳的原子理論

　　關於原子的理論，我們先來看一下波耳所面臨的困境：約瑟夫‧湯姆森

的葡萄乾布丁原子模型已經被拉塞福的一個嶄新的原子圖像所替代，即電子繞著原子中心的一個緻密的核運行，就像行星圍繞著太陽運動那樣。這個新模型看起來相當完美，但是從已知的同樣是非常完美的古典電磁理論來看，這個模型卻是「災難性的」，它面臨著嚴重的理論困難。因為大家公認的「成熟的」馬克士威理論（古典電磁理論）預言，加速運動的電荷（如電子）勢必會不可避免地輻射出能量，導致電子會不斷地失去能量而無法保持其軌道運動，從而最終導致體系的崩潰，即電子會撞到原子核上。注意，電子的圓周運動是一種加速運動。

> 大量的證據說明了古典的馬克士威理論在原子領域已經不再適用，取而代之的是正在建立的量子理論。

圖3.9　波耳

　　從馬克士威的電磁理論來計算，電子只需要 10^{-10} 秒就會失去其全部的能量和原子核撞在一起。但是，這個現象顯然並沒有發生。拉塞福的「行星系統」原子模型可以說明原子的各種現象和實驗結果。現在，馬克士威理論和原子穩定性之間的矛盾究竟應如何解決呢？在這個歷史背景下，當時年僅 27 歲的「革命家」波耳（圖 3.9）終於登上了歷史舞臺。波耳面臨著兩種選擇，要嘛放棄原子的拉塞福模型，要嘛放棄偉大的馬克士威理論（這需要多大的勇氣）。波耳沒有因為拉塞福模型的困難而放棄這一模型，畢竟它有 α 粒子散射實驗的強而有力支持。同時，波耳也沒有看到原子是不穩定的，或者說，這個世界上原子中的電子並沒有撞向原子核，我

們大家都活得好好的。從這些情況看，懷疑古典的電磁理論在原子模型上不適用反而是一個更好的選擇。

> 原子是一個非常古老的話題，有上千年的歷史。直到 1913 年，波耳才找到了正確的探索原子的方向。

1912 年 7 月，波耳完成了他在原子結構模型方面的第一篇論文，歷史學家後來把它稱為「曼徹斯特備忘錄」。1913 年，波耳發表了三篇劃時代的論文 —— 被譽為「偉大的三部曲」。三篇論文分別是《論原子和分子的構造》、《單原子核體系》和《多原子核體系》。這些看起來只是原子模型方面的文獻，其實也是量子理論發展史上劃時代的文獻。從此開始的差不多整個十年間，波耳的思想對於原子物理學和量子理論的發展都有著極為深刻的影響。這個時期就是我們通常所說的「舊量子論時期」。波耳的量子論為古典物理學通往微觀世界新的力學的過渡鋪設了一座橋梁。1925 年，年輕的德國物理學家海森堡正是在波耳理論的影響下最終建立了微觀體系的新的力學 —— 量子力學的矩陣力學形式。

波耳提出了接近原子真正狀態的劃時代的理論。他無視「障礙」，採用打破常規的思考方式，作出了以下三個超常規的假設：

1. 原子中電子的位置不是隨意的，它們只能在確定的圓周軌道上運動（圖 3.10），而且這個圓周軌道的半徑只能是符合條件的某個數值的整數倍；

2. 電子在這個圓周軌道上進行旋轉運動時，並不釋放出電磁波；

3. 當電子從一個軌道向其他軌道躍遷時，電子才會發射或吸收電磁波。該電磁波的能量等於電子在發生躍遷的兩個軌道上運動時的能量之差。

可以看到，波耳的所有這些假設都是古典物理學所無法解釋的，或者說

與古典物理學是完全矛盾的。上面已經提到,波耳的假設並不是信口開河的,它是建立在實驗事實之上的。

> 波耳的原子假設是古典物理學所無法解釋的,或者說與古典物理學是矛盾的。正是這樣的矛盾才導致了革命性的新理論。

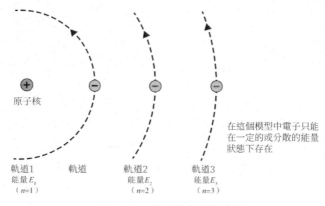

原子核

在這個模型中電子只能在一定的或分散的能量狀態下存在

軌道1　　　軌道　　　軌道2　　　軌道3
能量 E_1　　　　　　　能量 E_2　　　能量 E_3
（ $n=1$ ）　　　　　（ $n=2$ ）　　（ $n=3$ ）

圖 3.10　波耳的氫原子模型

　　波耳提出,原子中的核外電子只能在一些特定的圓周軌道上運動。電子在這些軌道上運動時,既不會發射能量（波耳的這個假設違背了古典的電磁理論。在古典理論中,圓軌道上運動的電子會不斷地輻射能量）,也不會吸收能量,而是處在一種穩定的狀態中,即波耳所謂的「定態」。電子可以從一個高能量的軌道躍遷到一個低能量的軌道,這時電子就會以光子的形式發射能量;反之,如果電子從一個低能量的軌道躍遷到一個高能量的軌道,那它就必須吸收能量（光子）。總之,電子只能在特定的軌道上運動,或在不同軌道間躍遷,而不能處在軌道外的任何地方。波耳的理論「終於」使得電子不至於撞到原子核上面。其實,原子中的電子從來都沒有撞向原子核,只是古典的理論這麼說而已。所以,是古典理論在這裡遇到了問題,量子理論就理所

當然地被推到了前沿陣地。

　　原子的光譜線在波耳原子模型的建立過程中有非常特殊的意義。所謂原子光譜線，是指各元素在被加熱之後都會釋放出有特定波長的光線，這些光線透過分光鏡投射到屏障上，便會得到原子的光譜線。1913 年初，當丹麥人漢森請教波耳關於如何使用波耳原子模型解釋原子光譜線時，波耳對原子光譜似乎還很陌生。成百上千條的光譜線看起來實在太雜亂無章了。漢森告訴波耳，這裡面是有規律的，例如巴耳末公式就給出了一種規律：

$$\nu = R\left(\frac{1}{2^2} - \frac{1}{n^2}\right)$$

　　這裡 ν 是光譜線的頻率，R 是芮得柏常數，n 是大於 2 的正整數。氫原子光譜的巴耳末系如圖 3.11 所示。巴耳末公式是一個很漂亮的公式，它瞬間就激發了波耳的靈感，使得所有的疑惑都變得順理成章了，波耳從這裡看到了原子內部隱藏的祕密。1954 年，波耳回憶道：「當我一看見巴耳末公式，一切就都再清楚不過了。」

> 原子光譜線在原子的研究中有重要意義。波耳從巴耳末公式中一眼就看出了原子內部隱藏的祕密。

　　巴耳末公式中的 n 可以等於整數 3，4，…，但是不能等於非整數 3.5，4.5，…，非整數 n 不能正好對應波耳量子化軌道的假設。原子中的電子只能按照一些確定的軌道運動，這樣，當電子在這些軌道之間躍遷時，就能釋放出滿足巴耳末公式的能量來。也就是說，波耳對電子躍遷的假設恰好解釋了原子的光譜線就是電子在不同軌道間跳躍時所釋放出來的能量。氫原子的能級結構如圖 3.12 所示，可以看出，不同譜線系對應著電子在不同能級間的躍遷。

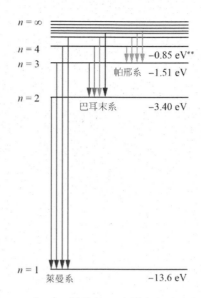

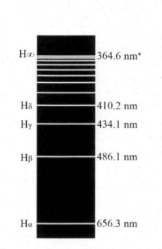

圖 3.11 氫原子光譜的巴耳末系

圖 3.12 氫原子的能級。光譜線由電子在不同
能級間的躍遷產生

* nm —— 奈米。

** eV —— 電子伏特。

　　雖然波耳理論取得了巨大的成功，但是波耳模型還是有一些「小困難」
需要解決。例如，還要解釋史塔克效應、塞曼（圖3.13）效應和反常塞曼效
應等。雖然在索末菲等人的努力下，波耳的原子模型解釋了磁場下的塞曼效
應和電場下的史塔克效應（不予細述），但是還是無法解釋一種弱磁場下的原
子譜線的複雜分裂，即所謂的「反常塞曼效應」，這個效應實際上很早就為人
們所熟知了。理解這種反常現象需要引入 1/2 值的量子數，波耳理論對此無
能為力。這個問題，也深深地困擾著包立，一直到包立提出他的不相容原理
之後，問題才最終得到解決（關於反常塞曼效應，請參考 7.1 節「自旋是什
麼東西？」）。

（a）　　　　　　　　　　　（b）

圖 3.13　史塔克（a）和塞曼（b）

　　波耳提出的有軌（即軌道）原子模型是非常成功的。它使得當時困擾很多人的理論難題迎刃而解，也使得新原子理論深入人心。這些可以從波耳被授予 1922 年諾貝爾物理學獎看出來。雖然波耳理論取得了巨大的成功，但是波耳並沒有解釋清楚他的很多基本假設。例如：電子為什麼只能具有量子化的軌道和能級？它的理論基礎是什麼？波耳在這方面都沒有給出明確的答案。當然我們可以說，實驗觀測的結果表明電子的軌道就是量子化的，並不需要什麼特別的理由。但是，從基礎理論方面來考慮，如果電子的量子化能夠從一些更加基本的公理所導出，那麼這樣的理論將具有更加堅固的基石。波耳理論在取得一連串的偉大勝利之後，終於開始發現自己已經到了強弩之末，很多問題波耳理論已經無法處理了：波耳理論對於只有一個電子的原子模型，能夠給出令人信服的說法。但是，哪怕對於只有兩個核外電子的氦原子，波耳模型就無能為力了；在由兩個氫原子構成的氫分子上，波耳理論依然無法處理。此外，波耳理論也不能給出譜線的強度和偏振等問題。為了解決這些困難，波耳、包立、蘭德和克萊默斯（Hendrik A. Kramers）等人做

了大量的努力，建立了一個又一個新的模型，引入了很多新的假設，從而給波耳理論補充了很多「備註」，有的補充甚至違反了波耳和索末菲原本的理論本身。很顯然，已經到了給波耳理論徹底換新裝的時候了。這就是下面我們將要敘述的德布羅意的物質波假設以及海森堡和薛丁格革命性地創立的邏輯上完備的量子力學理論。

> 波耳的新理論取得了巨大的成功。但是，波耳並沒有解釋清楚他的很多基本假設，這正是將要崛起的量子力學新理論的任務。

看到這裡，也許你會覺得：原來是這樣，波耳的成果也沒有那麼偉大嘛！這樣想是不公平的。雖然波耳的理論有不完善的地方，但是正是他第一次把「量子」的概念引入到原子的領域中。也正是由於他的貢獻，後來的物理學家才研究出具有多個電子的原子模型，並最終建立了量子力學理論。由此，我們應該承認，是波耳的理論跨出了劃時代的一步。也可以說，波耳的早期量子論是連接古典物理學和真正的量子力學之間的一座橋梁。波耳對自己理論的缺陷是非常了解的，因此他積極支持自己的學生，希望自己的學生能夠超越自己。從各種書籍來看，波耳在量子論的建立過程中所作出的貢獻是排在第一位的。作為科學家的波耳在丹麥是非常受人尊敬的，丹麥的面值為 500 克朗的貨幣就使用了波耳的頭像（圖 3.14）。

波耳是把量子論引入原子的第一人，是探索原子奧祕的先行者。他是哥本哈根學派的領航人。原子曾經是一個古老的話題，但是經過了千百年，一直到 1913 年波耳才找到了探索原子的正確方向。波耳的原子量子論不僅是探索原子的偉大開端，更成為量子力學的發端。

> 波耳是把量子論引入原子的第一人，是探索原子世界奧祕的先行
> 者，也是量子力學哥本哈根學派的領袖人物。他培養了量子領域
> 的一整代人。

圖 3.14　丹麥的面值為 500 克朗的貨幣

　　1921 年 9 月，波耳在哥本哈根的研究所建成，36 歲的波耳成為這個
研究所的所長。波耳以他的人格魅力很快就吸引了大批才華橫溢的年輕
人，包括以下這些如雷貫耳的名字：海森堡、包立、狄拉克、約爾旦、弗
蘭克、烏倫貝克、古茲密特、朗道、蘭德、鮑林、莫特、伽莫夫（Gamow
Gaorge）……在波耳研究所，人們能夠感受到自由的氣氛和來自波耳的關
懷，最終形成了一種富有激情、樂觀和進取的學術精神，這就是為後人所稱
道的「哥本哈根精神」。

　　波耳度過的是忙碌的一生，即便是生命最後的半年裡也過得像個陀螺。
1962 年他在美國訪問了三個月，6 月底又訪問了德國，在那裡他作了最後一

次公開演講。在 1962 年 11 月波耳生命的最後三天裡，他還主持了丹麥的科學院會議，甚至做了一次物理學發展史的訪談。11 月 18 日，波耳逝世。波耳被稱為物理學史上最偉大的人物之一。

　　一個故事：第二次世界大戰期間，英國首相丘吉爾親自簽署命令，從納粹手中緊急轉移波耳這位原子物理學界的靈魂人物。在飛機飛越英吉利海峽來到大不列顛島之後，當飛行員打開艙門時，波耳渾然不知已經到了英國。當時有一些「搞笑」的報導說，飛機落地後，波耳仍然沉浸在他物理思考的境界當中。而事實上，波耳當時被藏在一架蚊式轟炸機的彈倉中，由於經受高空的缺氧已經奄奄一息，差一點就送了命。

　　波耳提出原子模型時只有 27 歲，愛因斯坦提出狹義相對論時是 26 歲。

3.5　波粒二象性

　　波粒二象性是指所有的粒子都既具有粒子性，又具有波動性。當然，宏觀粒子的波動性是極不明顯的，目前任何一臺精密的儀器都無法探測到這麼小的波動性，更不用說我們的眼睛這個不太精密的設備了。例如，假設有一塊石頭的質量是 100 克，它的飛行速度是每秒 1 公尺，那麼它的德布羅意波長只有 6.6×10^{-31} 公分。所以，宏觀世界裡的粒子有完全的粒子性，也即波粒二象性；實際上和我們的日常生活經驗並沒有任何衝突。只有在微觀世界裡，粒子的波動—粒子二象性才是明顯的。以電子為例，它的質量約為 10^{-27} 克，在 1 伏特電位差的電場中運動，它將獲得 6×10^{7} 公分每秒的速度，這樣德布羅意波長約為 10^{-7} 公分，這樣的長度在微觀領域是相當明顯的。本節我們先討論光的波粒二象性，然後討論電子和其他粒子的波粒二象性。因為光子是一個靜止質量為零的粒子，而電子是一個靜止質量不為零的粒子，我們

將電子作為質量不為零的粒子的代表。

　　什麼是粒子性，這是比較好想像的，所以就無需多言了。那麼，什麼是波動？我們可以這樣說，能夠產生干涉和衍射現象的東西就是一種波動。所謂的干涉，就是兩波重疊時組成新的合成波的現象。干涉的結果是在某些區域波動始終加強，在另一些區域則始終削弱，形成穩定的強弱分布的現象。所謂的衍射（也稱繞射），是指能夠繞過障礙物而偏離直線傳播路徑進入陰影區裡的現象（圖 3.15）。當孔或者障礙物的尺寸小於或者等於波的波長時，才能發生明顯的衍射現象。

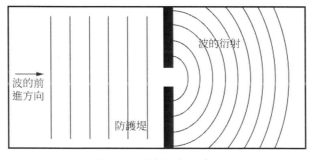

圖 3.15　波的衍射示意圖

> 干涉和衍射現象是波動的基本特徵。光就是一種波，所以一定可以觀察到光的干涉和衍射現象。

　　我們先來看看光的波粒二象性。在光的波動—粒子二象性中，光的波動性是大家比較熟悉的，這是因為將光看成電磁波已經被大家所普遍接受了。光既然是一種波，那必然會觀察到光的干涉和衍射現象。關於光的波動性，有一個既簡單又很重要的實驗是不能不提到的，這就是楊氏雙縫干涉實驗（圖 3.16）。這個實驗最先由英國科學家湯瑪斯・楊提出並實驗成功。1801年，楊試圖用這個實驗來回答光到底是波還是粒子的問題。楊的雙縫實驗

非常簡單：把一支蠟燭放在一張開了一個小孔的紙前面，這樣就形成了一個
點光源，即一個點狀的光源（可將圖 3.16 中的光源直接看成一個點光源）。
然後在實驗裝置的中間再放一張紙，不同的是這張紙上開了兩道平行的狹縫
（即雙縫）。從點光源射出的光穿過兩道狹縫後投到屏障上。實驗發現，屏障
上會看到一系列明、暗交替的條紋，這就是現在眾人皆知的雙縫干涉條紋。
可以想像，如果光不是波，則沒有干涉現象，那麼在右邊屏障上就只能看到
兩條亮條紋（在點光源和狹縫的連線上）。楊的這個實驗成功地結束了光是
粒子還是波的世紀之爭。此後，法國物理學家菲涅爾等人在雙縫實驗的基礎
上，進一步圓滿地解釋了光的反射、折射、干涉、偏振和雙折射等現象，由
此建成了光的古典波動理論。其實，在雙縫干涉中，「單光子干涉」（指稀疏
光子的干涉）有特別的重要性，將在下面討論。

> 著名的雙縫干涉實驗是對光子和電子波粒二象性極好的驗證。必
> 須將電子當成一種波動，用薛丁格方程式的波函數來描述，才能
> 解釋雙縫實驗。只有波才會產生干涉現象。

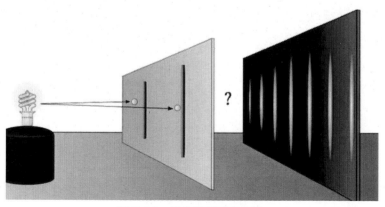

圖 3.16　楊氏雙縫干涉實驗

　　光的粒子說在牛頓時代就得以確立，這或許跟牛頓是當時的「神級人物」有關係吧。牛頓認為光是粒子性的（由光子組成），所以大家或多或少會說牛頓是不會錯的。但是，從楊氏的雙縫實驗中觀測到了明確的干涉圖案，這給予光的粒子觀一個致命的打擊。顯然，古典的光的粒子理論無法滿意地解釋這個干涉圖案。此後，大多數的科學家也開始接受了光的波動觀。此外，1887 年赫茲從實驗上證明了馬克士威方程式組所預言的電磁波的存在後，偉大的古典電磁理論就建立起來了。馬克士威方程式組是古典電磁理論的核心，很快地人們就發現，它的管轄領域似乎橫跨了整個電磁波頻段：從無線電波到 γ 射線……在這裡，可見光區域只是一個小小的特例。所以，至此光的波動理論得到了很好的確立。

　　光的波動性理論占主導地位的情況一直「堅持」到了 20 世紀初期，才終於再次出現了支持光的粒子觀的實驗證據，這就是我們已經談到的「光電效應」。我們在 3.2 節已經相當詳細地專門敘述了這個效應。從這個效應裡，我們得到的結論是：如果將光看成是電磁波，將無法解釋光電效應；而如果將光視為光量子，則可以非常完美地解釋這個光電效應。所以說，光的粒子性的重新抬頭主要是從 1905 年愛因斯坦提出光量子的概念，用來解釋光電效應而展開來的。愛因斯坦最初提出光量子的概念時並沒有得到普遍的贊同，這裡面的道理很簡單，即愛因斯坦的理論與馬克士威的電磁理論太不協調了。光已經被普遍接受是一種電磁波，而電磁波已經十分優美地被馬克士威方程式組所描寫。

　　此外，前面我們還提到，1915 年美國人密立根對光電效應進行了多次反覆的實驗。密立根的實驗數據非常有力地支持了愛因斯坦的觀點，即在所有情況下，實驗都證明了光電效應所表現出的量子化的特徵，儘管密立根的初

衷是想證明愛因斯坦的觀點是錯誤的。如果說我們還不敢完全相信光具有粒子性一面的話，那麼康普頓效應則令人信服地表明，只有在光是粒子的基礎上才能很好地解釋這個效應（史稱康普頓效應，實驗示意圖參見圖 3.17）。1923 年，康普頓（圖 3.18）在研究 X 射線被自由電子散射的時候，發現了一個奇怪的現象：被散射出來的 X 射線分為兩個部分，一部分和原來入射的射線的波長相同，而另一部分則比原來的射線的波長要長（即能量有所損失）。如果使用古典的波動理論，散射應該不會改變入射 X 射線的波長。在經過苦苦思索之後，康普頓引用了光量子的假設，這樣自然而然地那部分波長變長的 X 射線就可以歸結為光子與電子的碰撞導致的。這個光量子的假設終於使得康普頓的實驗數據與理論解釋之間非常好地符合。康普頓效應再一次強而有力地支持了光的粒子性。在這裡，我們應該提一下著名的物理學家吳有訓。吳有訓當時是康普頓的研究生，而且是康普頓的得意門生之一。在康普頓的指導下，吳有訓完成了一系列的實驗，成功地證實了康普頓效應的正確無誤。

> 著名的物理學家吳有訓先生完成了一系列實驗，成功地幫助證實了康普頓效應的正確無誤。

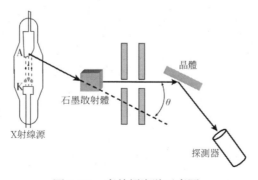

圖 3.17　康普頓實驗示意圖

在討論了光的波動—粒子二象性之後，我們來看一個非常重要的概念，那就是所謂的「單光子干涉」。1909 年，泰勒做過一個實驗，他把入射光束衰減到非常弱，弱到每次不可能有多於一個光子同時通過儀器。由於光束非常弱，在經過三個月的曝光後，泰勒發現他得到的干涉條紋與短時間的強光通過儀器時得到的圖像相同（圖 3.19）。這就是所謂的「單光子干涉」。這個結果意味著，干涉現象並不是由多個光子的相互影響而產生的，而是由一個光子自己與自己干涉而出現的。在這個實驗中，由於每次不可能有多於

圖 3.18　康普頓

一個光子通過雙縫，所以，這個實驗表明，光子實際上是從兩個縫同時通過的！這是一個非常難以想像的圖像，是希望理解量子力學時會遇到的非常基本的一個「挫折」。基於對這一「挫折」的思考，有其他一些關於量子力學的解釋得以提出（例如多世界解釋）。但是因為本書篇幅的緣故，我們不會討論這些高深的理論。筆者建議，不要過多思考「光子為什麼會同時從兩個縫通過？」其實我想「霸道地」說，先接受這個事實就是了，在你成為一個成熟的物理學家之前，接受這個事實好了。

> 單個光子或單個電子為什麼會同時從兩個縫通過？這是目前量子力學正統解釋的要求，接受這個解釋好了。

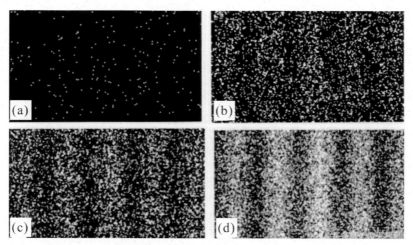

圖 3.19 單光子干涉圖樣：從（a）到（d），光子數不斷增加

光子是一個靜止質量為零的粒子，所以我們或許可以說，光子出現波粒二象性是可以「忍受」的。那麼，一個靜止質量不為零的粒子的情況又是如何的呢？下面，我們將重點說明電子的波粒二象性，其他靜止質量不為零的粒子的波粒二象性是類似的。最初，薛丁格提出波動方程式並應用於氫原子時，薛丁格方程式是用來處理電子而不是光子的。所以，那些靜止質量不為零的粒子的波粒二象性也是非常重要的。

大量的實驗表明，像電子等靜止質量不為零的微觀粒子，其波動性和粒子性也是可以非常明顯的。1925 ～ 1927 年，戴維森（Clinton Davisson）和革末在位於紐約的一個實驗室裡用電子束轟擊一塊金屬鎳，發現被鎳塊散射的電子，其行為和 X 射線衍射一模一樣，從而驗證了電子衍射。1927 年，小湯姆森在劍橋也透過實驗進一步證明了電子的波動性。1961 年，克勞斯·約恩松用電子做雙縫干涉實驗，他發現電子和光一樣也會有干涉現象。2002 年 9 月，約恩松的這個雙縫實驗被《物理世界》（Physics World）雜誌的讀

者評選為最美麗的物理實驗。1974 年，梅利在米蘭大學的物理實驗室裡，成功地將電子一粒一粒地慢慢發射出來（即單電子干涉實驗，可以類比前面的單光子干涉）。在偵測屏障上，他也確實觀測到了像光一樣的干涉現象。從而直接證明了電子具有波動性。我們看到，無論是光子還是電子，干涉現象都是由一個一個的光子或電子自己與自己發生干涉的。在雙縫實驗中，光子或電子都是從兩個縫同時通過的（圖 3.20，正如單電子或單光子干涉所顯示的那樣），並沒有發生一個粒子每次只從一個細縫通過的現象。這當然是非常難以直觀地理解的。

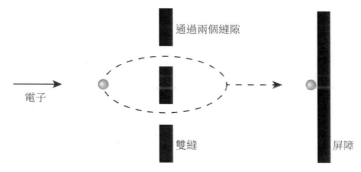

通過兩個縫隙

電子

雙縫

屏障

圖 3.20　電子同時通過雙縫

　　前面已經談到，1897 年，約瑟夫・湯姆森透過觀測陰極射線在磁場和靜電場作用下的偏轉而發現了電子，明確顯示的是電子的顆粒性。1927 年，約瑟夫・湯姆森的兒子 G. P. 湯姆森在劍橋透過實驗進一步證明了電子的波動性。實驗得到的電子衍射圖案和 X 射線的衍射圖案相差無幾。就這樣，約瑟夫・湯姆森因為發現電子而獲得諾貝爾獎，而他的兒子因為發現電子是波動的也獲得了諾貝爾獎。也可以說，老湯姆森和小湯姆森分別因發現了電子的粒子性和波動性而獲得諾貝爾獎，這樣的歷史是非常有趣的。電子的粒子性是非常明顯的（例如散射現象），加上實驗發現的波動性，顯然電子確實可以

有明確的波粒二象性。以上的討論顯示，無論是光子還是電子，都可以顯示粒子—波動的二象性。實際上，電子的雙縫干涉實驗與光子的雙縫干涉實驗的本質是一樣的，要告訴我們的東西也是一樣的。對於除了電子之外的實物粒子，1929 年，斯特恩（Otto Stern）等成功地利用了氫、氦等分子束實現了在單晶點陣面上的衍射實驗。之後，也陸續觀察到了中子束和 α 射線等通過晶體時的衍射圖像。甚至是 C_{60} 和 C_{70} 這樣的原子團簇，也被發現可以產生明確的衍射圖樣，從而說明了具有波動性。這些實驗都有力地證明了不僅是電子，其他微觀粒子也會產生像光那樣的衍射現象，也證實了一般粒子的波粒二象性。

> 在量子論中，波動性和粒子性是所有微觀粒子的基本屬性，無論是原子、電子還是光子。

1924 年，受到愛因斯坦光量子概念的啟發，德布羅意提出了物質波假設，將光所具有的波粒二象性賦予了所有的物質粒子，從而指出了自然界中的所有物質都具有波粒二象性。或者說，波粒二象性是物質粒子普遍具有的共性。德布羅意的物質波概念為後來發現量子的規律提供了重要的理論基礎。德布羅意（圖 3.21）出生自一個顯赫的法國貴族家庭。在他的祖先中出了許多的將軍、元帥和部長。家族繼承著最高世襲身份的頭銜：公爵。德布羅意對歷史學表現出濃厚的興趣，這可能是受到了他祖父的影響。他的祖父不僅擔任過法國總理，還是一位出色的歷史學家。然而，大學畢業後，德布羅意的興趣卻強烈地轉到了物理學方面。他的博士導師是大名鼎鼎的朗之萬。1923 年，德布羅意接連發表了三篇短文，提出了他自己命名的所謂相波理論，即實物粒子（特別是電子）具有波動性的思想。這些短文後來組成了他的博士論文，而德布羅意就是有史以來第一個僅僅憑藉博士論文而獲得諾

貝爾獎的人。

> 德布羅意原來主修歷史，但在 1924 年前後對物理學發生興趣，
> 從而轉向研究量子力學。歷史選擇了德布羅意，使他對量子力學
> 的發展有了特殊的貢獻。

讓我們看一下愛因斯坦—德布羅意公式，便可以很容易理解物質粒子的波動性和粒子性：

$$E=h\nu，p=h/\lambda$$

這裡 E 和 p 分別是粒子的能量和動量，它們是體現粒子性的物理量；ν 和 λ 分別是物質波的頻率和波長，它們是體現波動性的物理量，h 是普朗克常數。從公式中很容易看到，兩個方程式的左邊都是體現粒子性的物理量（能量和動量），而式子的右邊都是體現波動性的物理量（頻率和波長），很重

圖 3.21　德布羅意

要的是，透過普朗克常數可以將左邊和右邊相等起來，即物質的波動性和粒子性靠普朗克常數聯繫了起來。這兩個式子非常深刻而明晰地揭示了物質的粒子和波動的兩重性。

實物粒子的波粒二象性，通俗地說，就是它有時像波，有時又像粒子。這種既像波又像粒子的性質，對於我們的直觀想像來說是相當困難的，因為粒子性和波動性是兩個很不容易想像在一起的圖像。下面的討論中我們將會看到，在薛丁格方程式建立之後我們將完全可以不去應付波動和粒子這兩種

對立的圖像了。總之，筆者不建議初學者「拚命地」使用古典物理的概念去理解這個有點古怪的現象。恰恰相反，直接地接受波粒二象性更加有利於繼續學習量子力學。

既然物質粒子具有波動性，那麼人們自然就應該去探尋粒子的波動規律，這就是 1926 年薛丁格建立的所謂波動力學（後文我們還會認真討論）。當量子力學的波動力學形式建立之後，波粒二象性的概念差不多便可以完成其歷史使命了。玻恩自己曾經說道：「關於二象性還是非二象性的討論看來是多餘的。自然界不能僅用粒子或者僅用波動來描寫，而要用一種更加精緻的數學理論來描寫。（這種理論）就是量子理論，它取代了波動和粒子兩個模型，而且僅在某些極限下表現得像這樣或那樣。」玻恩的意思是說，薛丁格方程式的解會自然而然地對一個量子客體的「粒子性—波動性」給出合理的描述。在某個極限下，薛丁格方程式的解會自然而然地對應著粒子性；而在另一個極限下，則會自然而然地對應著波動性。各位將會看到，在 4.3 節裡我們在闡述量子力學的基本假設時，根本就沒有提到「波粒二象性」這樣的字眼。當然，波粒二象性的概念曾經造成過非常積極的作用，它促進了薛丁格方程式的提出（這是它的歷史功績，我們不能否認它。德布羅意因此獲得了諾貝爾獎）。其實人們也已意識到，波粒二象性這樣的概念存在著無法克服的困難，它實質上是一種使用古典物理的概念去理解量子力學原理的做法。

> 古典物理中，粒子和波是兩種完全不同的物理現象，使用古典物理的概念去理解微觀粒子的波粒二象性會有點困難。
>
> 愛因斯坦的支持奠定了波粒二象性在物理學中的地位，最終也啟發了薛丁格。兩年後，薛丁格方程式的問世，開啟了量子力學的新紀元。

　　波耳是量子理論的先驅，他對波粒二象性又是怎麼看的呢？ 1930 年，波耳提出了所謂的「互補原理」這一重要思想。在波耳看來，我們在波動—粒子二象性上所遇到的左右為難的困境純粹是因為我們堅持使用了古典概念的緣故。波耳認為，衍射實驗（體現波動性）和散射實驗（體現粒子性）恰恰都是互補的實驗證據，這些實驗並不是給出矛盾的東西，反而是給出了一些互補的圖像。只有所有的互補圖像的全體，才能提供古典描述方式的一種自然的推廣。對於互補原理，波耳好像也沒有給出過關於「互補性」這一名詞的清晰明白的定義。我們會看到，有了薛丁格方程式和波函數的機率解釋，我們就不再需要「二象性」和「互補性」這些概念了。當我們要在盡量節省的時間內學習量子力學時，甚至可以不把波粒二象性當作必要的基本概念，這應該也是合理的。當然，我們不能排除有一些大物理學家還在堅持波粒二象性的重要性，但是我們也可以肯定，有許多大物理學家認為波粒二象性已不再那麼重要了，例如：波耳、玻恩和費曼等。

　　為了更好地理解波耳的互補原理，可以借鑑古代象徵陰陽思想的太極圖（圖 3.22）。太極圖有相等的兩個陰陽魚，陰魚用黑色，陽魚用白色（這是白天與黑夜的表示法）。古人認為，「陰」和「陽」是相互對立的「氣」，二者結合在一起發生相互作用，從而決定了自然界的所有現象，包括人類的活動。這種陰陽思想和量子理論是不謀而合的（例如，粒子的波動性和粒子性是兩個不同的「對立的」事物，但是透過互補，形成一個事物或世界）。波耳很喜歡這個太極圖，認為可以用來表達他非常看重的「互補原理」，在他自己設計的一個徽章中，就把太極圖放在了顯眼的位置（圖 3.23）。

> 在波耳設計的徽章中使用了東方人發明的太極圖。可見，波耳非常看重他的互補原理。

圖 3.22 太極圖

圖 3.23 徽章中的太極圖

第 4 章　量子力學的創立

4.1　海森堡的矩陣力學

　　沃爾納・海森堡（圖 4.1），1901 年 12 月 5 日出生在德國巴伐利亞州的維爾茲堡，父親是一位研究希臘和拜占庭相關文獻的著名教授。在海森堡 9 歲的時候，全家搬到了慕尼黑居住。小學時，海森堡跟著名鋼琴家多芬格學習鋼琴，所以海森堡彈得一手好鋼琴。1914 年，海森堡進入慕尼黑馬克西米蘭中學讀書。這是一所師資陣容堅強的中學，絕大部分的教師都具有博士學位，而且對學術研究有濃厚的興趣。特別是，偉大的物理學家普朗克不僅從這個學校畢業，還在這裡教過物理。很快，海森堡便在數學和物理方面表現出讓人吃驚的天賦，這一天賦的開啟還應該歸功於他的數學和物理老師沃爾夫。沃爾夫讓海森堡在三年級起就開始自學

圖 4.1　海森堡

代數、三角、平面幾何和立體幾何。此外，海森堡還自學了愛因斯坦的相
對論，並閱讀了外爾的書籍《空間—時間—物質》。1916 年時，海森堡還
被數論所吸引，一度沉迷其中。在海森堡讀中學期間，第一次世界大戰爆
發，最終德國戰敗。這場戰爭對海森堡產生了深遠的影響，使他一度感到前
途渺茫。

　　中學畢業後，海森堡的父親建議他學習古語言學，但是海森堡在數學和
音樂方面獨具天賦，雖然他也對宗教和文學表現出很大的興趣。年輕的海森
堡喜歡四處周遊，參加各式各樣的組織。在進入慕尼黑大學之後，他面臨的
一個嚴肅的問題就是為自己的將來選擇一條好的發展道路。經過反覆的考
慮，海森堡決定選擇攻讀純數學。但是因為和數學教授林德曼的不愉快會
面，最終使海森堡選擇了物理學家索末菲作為導師。事後證明，這是一個非
常幸運的選擇，海森堡自此踏出了通向物理學顛峰的重要一步。索末菲是一
位既嚴格又細心的導師，經過索末菲的培養或與他相關的諾貝爾獎獲得者達
十人之多。大學期間，索末菲給海森堡留的作業也特別複雜，甚至連助教都
因為改海森堡的作業特別耗時而抱怨。海森堡還非常幸運地得到了師兄包立
的幫助，此外還受邀訪問哥本哈根波耳研究所，得到了波耳寶貴的教誨。此
外，玻恩對他的幫助和教導也是非常寶貴的。

> 海森堡的成就是與玻恩、約爾旦的合作分不開的。他還得到了波
> 耳、索末菲以及師兄包立的寶貴幫助。

　　1924 年 7 月，波耳寫信給海森堡，告知他洛克斐勒財團資助的國際教育
基金會同意資助他前往哥本哈根與波耳本人共同工作一年，此時的海森堡已
經獲得博士學位正在哥廷根的玻恩手下工作。玻恩當時正好要去美國講學，
於是答應海森堡只要第二年的 5 月夏季學期開始前回到哥廷根就行了。1924

年 9 月，海森堡抵達哥本哈根。毫無疑問，在哥本哈根波耳研究所工作的每個人都是天才，而波耳更是一位和藹可親的偉大人物。波耳對每個人都報以善意的微笑，並總是引導大家暢所欲言。後來，海森堡成為波耳最親密的學生和朋友之一。波耳經常邀請海森堡到他家裡做客，或者到研究所後面的樹林裡散步並討論學術問題。現在看來，海森堡的這次對哥本哈根的訪問對於量子力學的創立有著非常積極的意義。1925 年 4 月，海森堡回到哥廷根。

　　1924 ～ 1925 年之交，物理學開始處於一個非常艱難和迷茫的境地，因為波耳的原子結構模型已經出現了一些裂痕，輻射問題的本質究竟是波還是粒子也搞不清楚。當海森堡訪問哥本哈根時，有一種思潮對海森堡產生了很大的且重要的影響。這種思潮認為，物理學的研究對象應該只是那些能夠被觀察到的量，物理學只能從這些東西出發，而不是建立在觀察不到或純粹是推論的事物上。最明顯的例子就是波耳的電子「軌道」以及電子繞著軌道運轉的「頻率」。海森堡認為，這種「軌道」和「頻率」都是不可觀察的量。1925 年 4 月，當海森堡結束訪問哥本哈根回到哥廷根時，就開始重新審視氫原子的問題。1925 年夏天，海森堡感染了一場熱病，不得不離開哥廷根到一處小島上休養。在這個遠離喧囂的小島上，海森堡試了一些方法，但是導致的數學困難都是幾乎不可克服的。最後，在暫時不考慮譜線強度的情況下，海森堡終於建立了原子中電子的基本運動模型。就這樣，新的量子力學終於被建立起來了，這就是最初的量子力學的矩陣力學形式。在這個最初的矩陣力學形式中，海森堡要求所有的物理量都是矩陣，包括位形、動量和哈密頓量等。此外，海森堡保留了各力學量的函數關係，以及用帕松括號表達的古典力學運動方程式的哈密頓形式：

$$\begin{cases} \dot{q} = [q, H] \\ \dot{p} = [p, H] \end{cases}$$

> 海森堡的矩陣力學是量子力學的最初形式，1925 年 7 月 29 日發表在《物理學雜誌》上，這是新興的量子力學的首次亮相。

海森堡將古典力學如此改造之後就得到了一種新的力學，即所謂的矩陣力學。這個理論裡面的一個最大特點就是矩陣的數學運算法則與一般的數或函數不同，兩個矩陣的乘法一般情況下並不總是服從乘法的交換律。因此，必須提出代替乘法交換律的新的運算法則，這樣才能有一個完整的矩陣力學。體現這個新運算法則的關係式稱為對易關係（即量子化條件）：

$$(uv - vu) = i\hbar$$

如果 u 和 v 是一對正則共軛量的話。

> 兩個數的乘積滿足交換律，但是兩個矩陣的乘積可以不滿足交換律，這是矩陣力學發展的關鍵。大學生們都學過「線性代數」，這一點是容易理解的。

海森堡理論可以自然而然地推導出量子化的原子能級和輻射頻率。這一切都可以順理成章地從方程式本身解出來，而不必像波耳的舊原子模型那樣，強行地附加一個不自然的量子條件。儘管海森堡的量子力學矩陣力學形式，後來在多數時候被薛丁格的波動力學形式所取代，但是海森堡的矩陣力學仍然值得大書一筆，因為它是出現最早的量子力學理論。從 1925 年的矩陣力學開始，人類終於有了一套邏輯上完備的量子力學。海森堡把他關於量子力學的論文交給玻恩看，玻恩把論文寄給了《物理學雜誌》。論文於 1925 年 7 月 29 日發表，這就是新生的量子力學的首次亮相。很快，玻恩和約爾

且合作，將矩陣力學理論比較完整地建立了起來。前面我們提到，1900 年
12 月 14 日這一天被普遍公認為量子論（或「量子」）的誕生日，但是量子力
學的誕生日就沒有那麼明確，我們只知道海森堡關於量子力學的論文最初發
表在 1925 年 7 月 29 日的《物理學雜誌》上。

值得一提的是第二次世界大戰期間的海森堡，當時海森堡是希特勒的原
子彈計畫的總負責人。德國當時仍然擁有一批世界上最好的科學家，原子核
裂變就是由兩個德國人哈恩和施特拉斯曼發現的，而這兩個人都還在德國。
那麼，為什麼德國最終沒有能夠製造出原子彈呢？這裡面的原因可能非常複
雜，而且有多種說法。我們在這裡簡單地給出一種說法（或說辭）：據海森
堡說，德國科學家意識到像原子彈這樣的大規模殺傷性武器所可能引發的道
德問題，也意識到科學家對人類所負有的責任。所以他們心懷矛盾、消極怠
工，並有意無意地誇大了製造原子彈的難度。由此，在 1942 年終於使得納
粹高層相信原子彈並沒有什麼實際意義。當然，海森堡的這一說法，也許只
是一種捍衛德國科學家道德地位的說法吧。

有一個插曲：1941 年 10 月，海森堡不期而至地來到哥本哈根拜訪波耳。
考慮到他們過去長時間的情誼，波耳接見了他。在這之前，波耳已經知道海
森堡正在為納粹德國研製原子彈。在這次會見中，海森堡試探性地問了一些
問題，而波耳則假裝沒有聽懂。戰爭使這對過去情同父子的師徒互相猜疑，
不得不令人嘆息。

4.2　薛丁格的波動力學

與波耳和海森堡不同，薛丁格並沒有鑽進原子譜線的迷宮，他的靈感直
接來自德布羅意關於「物質波」那巧妙的工作。薛丁格是從愛因斯坦的文章

中得知德布羅意的工作的，他非常欣賞德布羅意提出的：伴隨每一個運動的
電子，總有一個如影隨形的「相波」。薛丁格相信，只有透過波的辦法，才能
達到大家苦苦追求的那個目標。1925 年聖誕假期，薛丁格來到阿爾卑斯山上
的阿羅薩渡假。在接下來的 12 個月裡，薛丁格令人驚訝地維持著一種極富創
造力的狀態，接連發表了 6 篇關於量子力學的重要論文。薛丁格沒有像波耳
那樣強加一個「分立能級」給原子，也沒有像海森堡那樣運用那種複雜而龐
大的矩陣，他把電子看成德布羅意波，然後直接去尋找一個波動方法。薛丁
格從古典力學的哈密頓—雅可比方程式出發，利用變分法和德布羅意公式，
最終導出了一個非相對論性的波動方程式。薛丁格最早給出的定態方程式的
形式是：

$$\Delta \psi + \frac{8\pi^2 m}{h^2}(E - V)\psi = 0$$

薛丁格的波動力學在 1926 年創立。薛丁格覺得，既然電子有波
動性，那麼就給它建立一個波動方程式吧。

顯然，只要做簡單的整理，就可以看出上述方程式與我們現在最常用的
下面的方程式是一模一樣的：

$$\left(-\frac{h^2}{2m}\nabla^2 + V\right)\psi = E\psi$$

這就是大名鼎鼎的「薛丁格方程式」，這個方程式影響了 1920 年代之後
的整個物理學。量子力學的波動力學形式也終於誕生了。波動力學形式是本
書討論的最主要的量子力學形式。由於薛丁格方程式的極端重要性，我們還
會在 4.3 節的「量子力學的基本假設和數學框架」，4.4 節的「薛丁格方程式」
和 4.5 節的「波函數的機率解釋」等章節中繼續討論這個方程式的意義。

當然，以上只是定態的薛丁格方程式。波動力學的核心是波函數（或態向量）$\psi(x，t)$，它隨時間的演化要遵從非定態的薛丁格方程式：

$$\mathrm{i}h\frac{\partial \psi(x,t)}{\partial t} = \hat{H}\psi(x,t)$$

波函數或態函數的概念還將在以後的章節中仔細討論。在這裡，暫且理解為一個隨空間和時間變化的函數，即「波動」。

> 波耳對薛丁格說：「你的波動力學數學清晰而簡單，它為量子力學理論帶來的巨大促進，超過了以前所有的理論。」而且，波動力學比矩陣力學更容易理解和使用。

薛丁格在量子力學的發展中具有核心的地位，所以我們會稍稍詳細地討論一下薛丁格的生平。埃爾溫·薛丁格（圖 4.2）於 1887 年 8 月 12 日出生於奧地利維也納。他的父親繼承了家族企業 —— 一家油布工廠，這使薛丁格從小生活在比較優渥的環境中。由於他是家裡唯一的孩子，所以深受家庭和幾個姑母的寵愛。薛丁格的父親給他的早期教育對薛丁格的一生具有決定性的影響。薛丁格曾經回顧他的父親是一位朋友、一位老師和一位不知疲倦的談話討論的夥伴。

圖 4.2 薛丁格

薛丁格 11 歲的時候進入維也納高等專科學校預科學習。他的天賦很快就表現了出來。他特別喜歡數學和物理，也喜歡德意志帝國的詩人和作家，尤其是劇作家。中學時期，薛丁格還對古希臘的哲學興趣濃厚。1906 年，薛丁格以優異的成績從中學畢業並進入維也納大學，主修他喜歡的物理和數

學。維也納大學是歐洲最古老的大學之一，成立於 1365 年。維也納大學的物理學研究有非常深厚的傳統，曾經在這裡從事過物理研究的大物理學家有波茲曼、大理論物理學家馬赫（愛因斯坦就曾從馬赫的研究中得到啟發）等。這個時期，薛丁格的思想受到波茲曼思想路線的極大影響，他將之描述為他「科學上的第一次熱戀」。大學期間，他把主要精力用於選修哈澤內爾的幾乎所有的理論物理學課程，這奠定了他以後研究工作大部分的基礎知識。

薛丁格於 1910 年從維也納大學畢業，獲得博士學位，師從埃克斯納。薛丁格的博士論文題目是《潮濕空氣中絕緣體表面的導電現象研究》，這個題目對放射性的研究有一定的啟發，但算不上是精彩的學術成果。同年秋季，他按照規定去服了一年兵役，次年回到了維也納大學，開始了他的科學研究生涯。此後的幾年是薛丁格的第一個創造高峰。從 1910 年到 1914 年，薛丁格發表了十多篇論文。1914 年 1 月，他獲得了大學教師資格。1914 年 8 月，第一次世界大戰一開始他就應徵入伍，成為一名砲兵軍官。後來，薛丁格曾經簡單地把這段歷史概括為「沒有受傷，沒有生病，也沒有獲得什麼榮譽」。戰爭後期，薛丁格是在後方度過的，這使他有時間關注廣義相對論、原子物理學以及統計物理的最新進展，為他在戰後迅速開始研究工作奠定了很好的基礎。

第一次世界大戰後，薛丁格全力以赴地開展理論物理學研究，很快，他的兩篇廣義相對論方面的論文引起了愛因斯坦的關注。1920 年 4 月，薛丁格和貝特爾小姐結婚。此後，幾經周折，1921 年 10 月，薛丁格接受了蘇黎世大學數學物理學教授的職位，這可是一個炙手可熱的職位。同一年，薛丁格發表了第一篇重要的量子力學方面的論文，即在波耳研究的基礎上探討了單個電子的量子化軌道。這此後的幾年是薛丁格科學研究工作的又一個創造高

峰。僅在 1922 年至 1926 年早期，他就發表了 20 篇論文，涉及的領域非常廣泛。1924 年，37 歲的薛丁格應邀參加了在布魯塞爾召開的索爾維會議，這個會議匯聚了當時世界上最偉大的物理學家，包括愛因斯坦和波耳等。薛丁格在這個會議上還只有旁聽的份，因為他還沒有發表什麼不同凡響的論文。量子力學在這個時候還遠遠沒有成形，薛丁格在拚命地尋找自己可以有所建樹的課題。薛丁格在博士學習期間曾經深入地研究了連續介質物理學當中的特徵值問題，這與他日後創建波動力學有著極其密切的聯繫。薛丁格一生中最輝煌的當屬 1926 年的前半年。這半年間，薛丁格接連發表了 6 篇量子理論方面的論文。由此，他一舉建立了量子力學的波動力學形式。他還證明了量子力學的矩陣力學形式與波動力學形式是等價的。普朗克、愛因斯坦和玻恩都寫信給薛丁格，對薛丁格的工作大加讚揚。愛因斯坦致信薛丁格：「你的文章的思想表現出真正的天才」。普朗克在退休之際也表示，希望薛丁格能成為他的繼任者。

> 1926 年的 4 月，薛丁格就證明了矩陣力學與他自己的波動力學這兩種描述在數學上是等價的。包立和約爾旦也都各自證明了這一點。

　　1926 年 5 月，柏林大學教授委員會開始考慮普朗克退休後的繼任人選。這期間，曾經考慮了愛因斯坦、勞厄、索末菲、玻恩、德拜、海森堡以及薛丁格等量子力學發展中的重要人物。基於種種原因（如愛因斯坦的拒絕），最終選擇了薛丁格。去柏林之前，薛丁格參加了第五屆索爾維物理大會，此時的薛丁格已經大大不同於上屆的索爾維會議，他已經是世界著名的理論物理學家了。他在會上宣講了波動力學。1927 年，薛丁格舉家遷往柏林，就任柏林大學的理論物理教授，正式成為普朗克教授席位的接班人，並於次年

在普朗克的推薦下成為普魯士科學院院士。在柏林，薛丁格以極大的熱忱投入到教學和科學研究之中，使柏林大學物理系的教學水準達到了前所未有的高度。薛丁格的課很受歡迎，他有精湛的數學、嚴密的推理和純熟的教學內容。他非常強調數學的重要性，強調要有很好的數學功底。這一時期，他提出了著名的「薛丁格貓悖論」，引起了關於量子力學解釋問題的論戰。

> 薛丁格掌握精湛的數學，他也非常強調數學的重要性，強調做物理的人要有很好的數學功底。

1933 年希特勒上臺後，薛丁格的美好時光便隨之結束。這一年，他藉口休假離開了德國，來到牛津大學。在這裡，他接到了一個令人振奮的消息，他與狄拉克一道共同獲得了 1933 年的諾貝爾物理學獎。1936 年，薛丁格接受奧地利格拉茨大學的邀請，回到了祖國。但是兩年後，德意志帝國吞併了奧地利，薛丁格被納粹以「政治上不可靠」為由而解雇。此後，薛丁格在學術界朋友的關心和幫助下，於 1939 年 10 月到達愛爾蘭首府都柏林。在這裡，薛丁格開始了長達 17 年的僑居生活，也開始了他生命中最後一段富有創造性的征途。1941 年，都柏林高等研究院正式開學，薛丁格就任理論物理部主任。與過去一樣，這一時期薛丁格的研究領域非常廣泛，包括將引力理論推廣為統一場論、致力於時空結構和宇宙學的研究、繼續關注統計物理學的發展等。特別著名的是，他還於 1944 年整理出版了一本古典著作《生命是什麼？》，影響了一大批科學家轉向生物學研究，據說這其中就包括了後來的 DNA 雙螺旋結構的發現者沃森和克里克。薛丁格提出的「生命是非平衡系統並以負熵為生」廣為人知，它引導了青年物理學家開始關注生命科學，引導人們用物理學、化學的方法去研究生命的本質。薛丁格還多才多藝，出版過詩集，會四種語言。

> 薛丁格的研究領域非常廣泛，他甚至出版了一本古典著作《生命是什麼？》，影響了一大批科學家轉向生物學研究。

1956 年，薛丁格決定返回他的故鄉，重回維也納大學受聘理論物理學的名譽教授。儘管薛丁格此時已年屆 70 歲，他仍然堅持又授了一年課。晚年，奧地利授予薛丁格很多榮譽。1957 年 9 月，薛丁格正式退休。1961 年 1 月 4 日，薛丁格因肺結核病在妻子身邊去世。遵照他生前的囑咐，他被安葬在風景優美的阿爾皮巴赫村，在他的墓碑上銘刻的就是薛丁格方程式，它見證了薛丁格對量子力學的基礎性貢獻。總之，薛丁格的一生是探索世界、尋找科學真理的一生。

值得一提的是，對量子論發展作出重要貢獻的幾乎都是年輕人。愛因斯坦在 1905 年提出光量子假設時是 26 歲。波耳 1913 年提出他的原子結構模型時也才 28 歲。1925 年海森堡提出第一個邏輯上完備的量子力學理論時只有 24 歲。德布羅意 1923 年提出物質波假設時是 31 歲。其他的在量子力學發展中名字閃閃發光的那些人物也非常年輕：包立 25 歲，狄拉克 23 歲，約爾旦 23 歲，烏倫貝克（G.E.Uhlenbeck，）25 歲，古茲密特 23 歲。和這些年輕人比起來，薛丁格（36 歲）和玻恩（43 歲）簡直可以算得上是老爺爺了。正是這些原因，量子力學曾經被戲稱為「男孩物理學」（boy physics），這種情況其實也剛好說明了量子力學的朝氣和銳氣。量子力學的這一段充滿傳奇的發展歷史，也成為科學史上永遠讓人遐想的一段佳話。雖然幾次戰爭中的服役阻礙了薛丁格的科學研究，但是薛丁格的物理天才還是得到了展現。

> 量子力學被戲稱為「男孩物理學」，因為對量子力學作出重要貢獻的大多是男性年輕人。量子力學的發展史成為科學史上永遠讓人遐想的一段佳話。

附：狄拉克和他的 q 數形式

　　有部份量子力學的科普書籍提到狄拉克的一種量子力學形式（即所謂的 q 數形式），在這裡做簡單的說明。1925 年夏天，海森堡在劍橋做了一個學術報告，報告結束後他把一份未發表的富有開創性的文稿交給了主持人福勒，福勒將海森堡論文的副本交給當時還非常年輕的研究生狄拉克，並寫上一句：「你對它怎麼看？」狄拉克非常認真地研究了文稿，看出了海森堡的思路是一個重要的新起點。他覺得，波耳、愛因斯坦和普朗克等人的舊量子論的困難有可能用這個新思路來解決。狄拉克也認識到，對於物理量之間出現的不可對易性應該是海森堡新理論的本質。他很快就發現了新思想和古典物理之間的聯繫，並用非對易關係發展出了他自己的量子力學表述，即 q 數形式。狄拉克用了不到兩個月的時間，完成了一篇 30 頁的論文，並寄給了海森堡（不久，玻恩和海森堡都對此表示非常的讚賞）。狄拉克的結果實際上不久前剛剛由玻恩和約爾旦透過矩陣的方法得到了，只是狄拉克的辦法更加簡潔明晰。

> 　　狄拉克也有一種量子力學的形式，被稱為 q 數形式。只是提到它的書籍不多，畢竟波動力學形式大家都已經習慣了。

　　狄拉克對量子力學的貢獻是巨大的，我們有必要稍稍詳細一些地敘述一下狄拉克的生平，並把他的各個具體的貢獻穿插其中。保羅・狄拉克（圖 4.3），1902 年 8 月 8 日出生在英格蘭西南部的布里斯托爾，但是他一出生就加入了瑞士國籍，直到 17 歲時才取得英國國籍。他的父親老狄拉克出生在瑞士的瓦萊州（一個講法語的州）。老狄拉克 20 歲時就離開了家庭，遠走他鄉到日內瓦大學學習。1890 年前後來到英格蘭，定居在布里斯托爾，以教法

圖 4.3 狄拉克

語為生。1919 年才成為英國公民。狄拉克的母親是一位船長的女兒，曾在布里斯托爾中央圖書館擔任圖書管理員。狄拉克有一個妹妹，還有一個哥哥。

狄拉克的性格受到他父親的深深影響，貫穿了他的整個童年和青年時期。老狄拉克是一個固執己見、嚴格和專制的家長，狄拉克與他父親的關係很緊張。老狄拉克為了讓他的孩子們學習法語，強迫他們在家裡只能說法語。但是狄拉克經常無法用法語表達他想說的話，所以只好選擇保持沉默，這與後來狄拉克的性格內向不無關係。狄拉克的父親厭惡社交，把孩子們也管得像坐牢一般。狄拉克後來曾抱怨他的父親把孩子們養育在一個冷酷、沉寂和孤立的環境中。狄拉克的哥哥在 1925 年 3 月自殺，也與家庭環境脫不了關係。狄拉克後來回憶說：「（對於他哥哥的自殺）我的父母非常痛心。我不知道他們這麼在乎……」1936 年狄拉克的父親去世，狄拉克沒有感到太多的傷心。在他給妻子的信中寫道：「我現在感到自由多了。」在前面的章節中我們看到，其他的大物理學家，如波耳、海森堡和薛丁格等都是在富有文化教養和社交融洽的氛圍中長大的，而且他們早年都對藝術、詩歌或音樂有所鑽研。相比之下，狄拉克的成長階段是不幸的。當然也有人說，正因為有這樣的家庭環境，狄拉克才把時間都用在對大自然的思考上面（可惜這是無法考證的，實際情況也未必是這樣）。

狄拉克沉默寡言的性格與他父親的影響有關，老狄拉克是一個固執己見、嚴格和專制的家長。

　　年幼的狄拉克在一所普通小學讀書，12 歲時被轉到商業職業技術學校讀書，他的父親就在那裡任教。與當時英國的許多學校不同，商校不重視古典文學和藝術課程，只重視科學、實用科目和現代語言。在學校，狄拉克並沒有被認為是一個傑出的天才，儘管他表現得還不錯，而且對數學有異常的興趣和才能。狄拉克閱讀了很多超出他年齡所能接受的數學書籍，但是很少閱讀古典文學和人文主義的書。他在 1980 年回憶道：「那裡不教拉丁語，也不教希臘語，我很樂意這樣，因為我欣賞不了古典文化的價值。」狄拉克 16 歲時完成了中學學業，但是對於未來要從事何種職業，他沒有什麼想法。他還是一個沒有主見的男孩。1918 年，狄拉克進入布里斯托爾大學工學院，學習電機工程專業，儘管他最喜歡的科目是數學。成為工程師被認為是自然而然的事情，因為這是個穩定的職業，這時候的狄拉克還沒有想到將來要選擇一個做專業研究的職業。1921 年，狄拉克在獲得學位的前不久，參加了劍橋大學聖約翰學院的入學測驗，他通過了入學考試並獲得了一筆 70 英鎊的獎學金，然而這筆錢不足以支付他在劍橋就讀及生活所需的龐大金額。於是，狄拉克選擇接受了免學費攻讀布里斯托爾大學數學學士學位的機會。1923 年狄拉克再度以第一級榮譽的成績畢業並獲得劍橋 140 英鎊的獎學金，加上來自約翰學院的 70 英鎊，這筆錢足夠他在劍橋居住與求學了。

　　這期間（1919 ～ 1921 年），有一件事情對狄拉克的未來職業造成了至關重要的影響。1919 年，英國天文學家驚人地證實了廣義相對論所做的預言，即對日食的觀測證實了愛因斯坦所預言的光線彎曲。這一事件在當時引起了巨大的轟動，使得愛因斯坦默默無聞的廣義相對論一夜間舉世矚目。1920 ～

1921 年，狄拉克聆聽了一系列的關於相對論的講座，並很快就深深沉迷其中。在布里斯托爾，狄拉克掌握了狹義相對論和廣義相對論，特別是裡面所使用的絕大多數數學工具。這期間，狄拉克還堅持不懈地鑽研數學，特別是應用數學。1923 年夏，他在布里斯托爾大學以優異的成績通過了考試。

　　1923 年秋，21 歲的狄拉克來到劍橋大學。從此，劍橋大學開啟了狄拉克人生中輝煌的新篇章，把他造就成為一位世界級的著名理論物理學家。劍橋大學不僅雲集了很多偉大的科學家，還聚集了一批冉冉升起的科學新星。狄拉克最初想拜坎寧安為師，希望向他學習相對論。但是坎寧安不想再帶研究生了，所以狄拉克被分配給了拉爾夫・福勒，這無疑是一個非常幸運的選擇（哪怕對任何一個研究生來說）。福勒是劍橋大學唯一的一位緊跟量子理論最新進展的人物，特別是和哥本哈根的波耳關係密切。起初，狄拉克覺得他知之甚多的電動力學和相對論比較有趣。但是福勒指導他開始接觸原子理論，很快狄拉克也感到那是個非常有趣的新領域。只用了一年時間，狄拉克就非常熟悉原子的量子理論了。年輕的狄拉克是一個沉靜少言的人，在他發表關於量子力學的論文之前，他在劍橋大學完全是默默無聞的。但是，來到劍橋大學僅僅半年時間，狄拉克就開始發表論文了，儘管這第一篇論文只是個熱身。兩年內，狄拉克就發表了 7 篇論文，開始在英國物理學界嶄露頭角。1925 年海森堡提出矩陣力學理論，狄拉克起初對此並不特別欣賞，然而約兩個星期之後，他意識到新理論當中的不可對易性帶有重要的意義，並發現了古典力學中帕松括號與海森堡提出的矩陣力學規則的相似之處。1925 年 11 月，從海森堡提出第一個量子力學理論開始算起才剛剛過了 4 個月，狄拉克就寫出了一系列的 4 篇論文，很快受到了理論物理學家們的關注。狄拉克把 4 篇文章合在一起作為博士論文提交給劍橋大學，校方理所當然極為愉快

地授予狄拉克博士學位。1926 年，薛丁格以物質波的波方程式提出了自己的量子理論。狄拉克很快就發現薛丁格的波動力學和海森堡的矩陣力學都可以看成是他自己更普遍表述的特例，換言之，波動力學和矩陣力學是等價的。

劍橋大學把狄拉克造就成了一位世界級的著名理論物理學家。

狄拉克對量子力學的貢獻是多方面的。從時間上講，最輝煌的時期是從 1925 年至 1930 年的這大約 5 年的時間。1926 ～ 1927 年，狄拉克發表了量子力學的變換理論，還與費米分別獨立地建立了自旋為半整數的粒子的統計理論，即費米—狄拉克統計；1927 年，他提出了二次量子化方法，把量子論用於電磁場，為量子場論的建立奠定了基礎；1928 年，他與海森堡合作，發現交換相互作用，引入了交換力的重要概念；同一年，他建立了相對論性的電子理論，提出了相對論協變性的波動方法，由此提出了空穴理論，預言了正電子的存在。可見，狄拉克在變換理論的建立、在相對論電子理論的創立，以及在量子電動力學基礎的建立方面都作出了重要的貢獻。狄拉克除了獲得了諾貝爾物理學獎外，還獲得了英國皇家獎章、英國皇家科普利獎章、歐本海默獎章等。

> 狄拉克對量子力學的貢獻是多方面的。最輝煌的時期是從 1925 年至 1930 年的這 5 年的時間裡。

1925 年起，狄拉克就已經是一位著名的理論物理學家了。但是個性上，狄拉克的沉默寡言是非常著名的，即便是和他相處多年已經相當熟識的人，也無法與狄拉克非常順暢地交流。有人戲稱，一小時說一個字，就是語速的「狄拉克單位」。當然，善良的人會說，狄拉克是在追求語言邏輯的嚴密，是在追求效率，不喜歡嘮叨。但是，沉默寡言畢竟還是使狄拉克缺少人際交

往，所以，他把大部分的時間都放在研究上面。無論周圍環境如何，無論自己的心境如何，狄拉克都能夠把全部心思投入到文獻的閱讀上面。1932 年，狄拉克榮登劍橋大學的第 15 屆盧卡斯數學教授寶座，這可是一個享有非常崇高地位的職位。1933 年，狄拉克又獲得了科學界的最高榮譽 —— 諾貝爾物理學獎。此後，儘管狄拉克開始了很多的受訪、交流、演講、參觀、訪問等各種社交活動，但依然沒有看出他要結婚的樣子，甚至記者們把他說成是「懼怕女人的天才」。有一個八卦是這樣說的：1929 年，狄拉克和海森堡從美國去日本講學。在去日本的船上，海森堡不停地和女孩跳舞，但是狄拉克卻一直坐在旁邊看。過了很長的時間，狄拉克終於忍不住問海森堡：「你為什麼要跳舞呢？」海森堡說這裡的女孩都不錯。狄拉克想了半天，說道：「可是你在跳舞之前怎麼就能知道她們都不錯呢？」

> 狄拉克是非常沉默寡言的，很多人都無法與狄拉克非常順暢地交流。有人戲稱，一小時說一個字是語速的「狄拉克單位」。

　　莫特曾經回憶說，在劍橋大學作為物理專業的學生是「一件孤獨得可怕的事情」，然而狄拉克一點都沒有覺得孤獨。狄拉克實際上排除了會干擾他做研究的所有外部活動，包括運動、政治和女孩。狄拉克非常看重他在劍橋大學所過的寧靜生活，使他能夠全身心地投入到研究中。1933 年當他得知自己獲得諾貝爾獎時，他甚至表示不想去領獎。拉塞福告訴他，不去領獎才會引起更多的關注。

> 狄拉克曾經表示不想去領諾貝爾獎，因為他不想引起太多的關注。這也說明狄拉克很喜歡安靜地待在他劍橋大學的辦公室裡。

　　1937 年，狄拉克「竟然」結婚了。他的妻子瑪吉特是著名理論物理學家

韋格納的妹妹。他們是偶然在普林斯頓相識的,當時狄拉克正在那裡訪問。瑪吉特與狄拉克性情非常互補,她豪爽、健談、坦誠又獨立,顯然對狄拉克來說有特殊的吸引力。對於狄拉克的婚姻,瑪吉特在回憶錄中寫道:「保羅不是一個嚴厲的父親,他與孩子們很疏遠……這是一段古老的、維多利亞式的婚姻。」

狄拉克曾經說到,在研究風格上,薛丁格與他最為相像。他們都非常欣賞數學之美,這種「感情」一直貫穿在他們的科學研究中。他們都相信,在任何描述自然界基本規律的表達式中,必然有偉大的數學之美蘊含其中,這種信念已經成為他們獲得成功的基礎。總而言之,狄拉克為物理學留下了一系列帶有革命性的重要概念和新方法,這些創造性的思想和方法為當代物理理論的發展開拓了一條全新的道路。從 1920 年代開始,狄拉克便成為 20 世紀物理科學的領銜人物,他的成果極大地改變了物理學的面貌。

4.3　量子力學的基本假設和數學框架

對一般的讀者來說,本節的內容一定會相當無聊。讀懂本節需要不少數學知識。但是,對於真正希望知道「量子力學的數學框架是什麼」的學生來說,本節的內容是必須好好理解和記住的。這意味著在閱讀下面各節內容的時候,你可能得多次地回到這一節。可以看到,本書大部分的數學公式都集中在本節中。

> 量子力學中使用的數學工具不是大眾所熟悉的,但是想要不使用數學而理解量子力學是非常困難的。要運用量子力學而沒有使用數學更是完全不可能的。

　　了解量子力學的數學框架對於利用量子力學解決實際的問題具有根本的重要性。正如在前言中所提到的，在了解了量子力學的數學框架之後，即便不能理解量子力學中的許多基本概念、原理和哲學基礎，也是可以熟練地應用該數學框架求出各種力學量的值（平均值）。量子力學的數學框架本身（這裡都是指波動力學之下的）也是易於理解和簡單的，只要熟悉量子力學的幾個基本假設就可以了。所以，本節我們有必要認真地敘述一下量子力學的幾個基本假設。為了比較簡單明瞭，我們基本上使用馬格納（Margenau）的講法為基礎（並參考了 1990 年出版的《量子力學的基本概念》一書），再配合我們自己認為合適的解釋和說明來討論量子力學的基本假設。由於這些最基本的假設是整個量子力學體系的前提，通常稱為「公設」（postulate），以區別於解決具體問題時所做的假設（assumption，hypothesis）。

　　需要說明的是，本書沒有追求嚴格的公理化的理論體系，只是一般性地概括了量子力學理論結構所需要的基本假設。此外，這也不是邏輯上最節省的概念體系。

公設（1）：描寫物理系統的每一個力學量都對應於一個線性算符。

　　顯然，為了清楚地解釋公設（1），需要明確什麼是物理系統？什麼是力學量？什麼是算符？什麼是線性算符？

　　什麼是「物理系統」？由於量子力學的研究對像是微觀粒子，所以「物理系統」是指含有一個或數個微觀粒子，也可以是含有大量微觀粒子的系統。那麼什麼是微觀粒子呢？既然稱為微觀粒子，那它一定不同於古典物理學下的質點或微粒。對於古典粒子，通常只有固有質量和固有電荷這兩個特徵量。而對於微觀粒子的精確描述，則需要諸如靜止質量、電荷、自旋、宇

稱、同位旋等一組特徵值。這裡的自旋、宇稱和同位旋的性質在古典粒子中是沒有對應物的。

　　什麼是「力學量」呢？最常見的力學量有位置、動量、角動量、動能、勢能和哈密頓量等。

　　什麼是「算符」呢？算符就是對函數的一種運算。我們先來看一下一般的算符，如 $\sqrt{\psi}$、ψ^*、$V(x)\psi$ 和 $\frac{\mathrm{d}\psi}{\mathrm{d}x}$ 就可以分別看作是算符對波函數的平方根、取復共軛、乘上 $V(x)$ 以及作一階導數。相應地，$\sqrt{}$、$(\ )^*$、$V(x)$ 和 $\frac{\mathrm{d}}{\mathrm{d}x}$ 就對應著取平方根、取復共軛、乘上 $V(x)$ 以及作一階導數的算符。量子力學中，所有的力學量都對應著一個線性算符，需要注意的是，系統的能量 E 對應的算符被稱為哈密頓算符 $\hat{H}$，這是古典力學流傳下來的叫法。此外，關於時間 t，它不是量子力學裡的力學量，所以它沒有相對應的算符表示。這一點與相對論中的描述是很不一樣的，在相對論中，(x_1, x_2, x_3, ict) 三個空間座標與 ict 是等價的。在量子力學中，算符用 $\hat{O}$ 來表示，即在相應的字母上加一個小帽子，以區別於一般的量。

　　對一般的算符而言，它們的運算規則與數的運算規則是很不一樣的。兩個算符的乘積可以是不對易的（當然並非所有的算符的乘積都是不對易的），而兩個數的乘積則一定是對易的。所謂對易，指的是 $\hat{A}\hat{B} = \hat{B}\hat{A}$ 或 $\hat{A}\hat{B} - \hat{B}\hat{A} = 0$。不對易，當然就是指 $\hat{A}\hat{B} \neq \hat{B}\hat{A}$ 或 $\hat{A}\hat{B} - \hat{B}\hat{A} \neq 0$。算符不對易的一個簡單例子是：開平方根與平方這兩個算符就是不對易的。例如，對一個負數（-2）的先平方再開平方根可得：$\sqrt{(\ )^2}(-2) = \sqrt{4} = \pm 2$，而先開平方根後平方 $(\ )^2\sqrt{}(-2)$ 在實數域裡面則是沒有意義的。

> 量子力學中，每一個力學量都用一個線性算符來對應。線性的算符來自線性的薛丁格方程式。

　　公設（1）說明，量子力學中每一個力學量都對應於一個線性算符。所以我們還得說明，什麼是「線性算符」？需要注意的是，線性算符是指該算符對態函數 ψ 的運算是線性的，而不是說該算符本身是線性的。就是說，算符本身完全可以包含二階導數或二階偏導數這樣的東西（參考薛丁格方程式）。具體來講，如果一個算符 $\hat{A}$，它滿足以下條件，那麼它就是一個線性算符：

$$\hat{A}(c_1\psi_1 + c_2\psi_2) = c_1\hat{A}\psi_1 + c_2\hat{A}\psi_2 \qquad （c_1 \text{ 和 } c_2 \text{ 為常數}）$$

　　所以，量子力學「看不起」一般的算符，像平方或者開平方根這樣的算符都不入量子力學的「法眼」，只有所謂的線性算符才能進入量子力學的「家庭」，而且還只有厄米算符才能入量子力學的「家門」。在量子力學中，算符就是對波函數（或態函數）的一種運算。量子力學裡面的力學量算符必須是線性厄米算符，這是由於任何力學量的測量值都是實數，所以要求所有與力學量對應的算符都只能有實數的特徵值。這樣的話，算符就只能是厄米算符了。

公設（2）：每次測量一個力學量所得的結果，只可能是這個力學量所對應的算符的所有特徵值中的一個。

　　為了說明什麼是「特徵值」，我們來看一下什麼是特徵值問題：如果算符 $\hat{F}$ 作用在一個函數 ψ 上，其結果等於該函數乘上一個常數 λ，即：$\hat{F}\psi = \lambda\psi$，則該方程式就稱為算符 $\hat{F}$ 的特徵值方程式，其中 λ 為算符 $\hat{F}$ 的特徵值，ψ 為屬於 λ 的固有函數。

　　公設（2）規定了一個力學量的測量值與對應的力學量算符的特徵值之間的直接對應關係。可以說，力學量的測量值譜就是該力學量相應算符的特徵

值譜。每一次測量某力學量，所得結果一定是該力學量算符對應特徵值中的一個，至於是哪一個特徵值則完全是隨機的（這種隨機性我們還會數次討論到）。公設（2）給出的對應還只是初步的，還不知道測量值在規定的譜上是如何分布的。這是下面公設（3）要給出的。

　　理解公設（2）是理解量子力學的關鍵點之一，這是極其重要的。能夠自覺地運用公設（2）才表明對量子力學的這一重要部分是理解的。公設（2）實際上意味著，體系的波函數應該是體系所有的本征函數的線性組合。這裡強調了「所有的」固有函數。試想如果某一個特徵值 E_i 對應的固有函數 ψ_i 沒有被包括在波函數的線性組合之中，那麼對這樣體系的測量將不會出現本應該出現的特徵值 E_i，這就違背了公設（2）的含義了。當然在實際的工作中，如果某些狀態是否出現對體系的影響並不大（或者說，重要的那些特徵值相應的固有函數都已經包括在線性組合中了），那麼波函數的線性組合可以近似是不完整的。

> 理解公設（2）是理解量子力學的關鍵。對於要學習量子力學的學生來說，必須能夠自覺地運用公設（2）。

　　厄米算符有以下重要的性質：它的對應於不同特徵值的固有函數是正交的；而且厄米算符的固有函數組是完備的。這兩個性質在量子力學的運用中是很重要的（更多的細節可參考量子力學書籍）。

公設（3）：當系統處在態 ψ 時，對與算符 $\hat{F}$ 對應的力學量進行多次的測量，所得到的平均值是

$$\bar{F} = \frac{\int \psi^* \hat{F} \psi \, d\tau}{\int \psi^* \psi \, d\tau}$$

平均值在量子力學中也稱為期待值。上式中的分母就是所謂的歸一化因子。我們通常可以使用已經歸一化了的波函數，即上式中分母等於 1，那麼，我們就有一個更加優美的表達式：$\bar{F} = \int \psi^* \hat{F} \psi \, d\tau$。

可以看到，在這個力學量平均值的計算公式中引進了統計決定論的波函數，所以它與古典物理中的決定論的描述是很不一樣的。公設（2）只是為單次測量的結果假定了一般的可能取值。為了確定現實的具體測量值，需要對多次的測量結果作假定，這就是公設（3）的內容和目的。

> 量子力學中，為了確定現實的具體測量值，需要公設（3）對多次的測量結果作出假定。

公設（3）實際上構成了量子力學數學框架的主要內容。換句話說，使用公設（3）就可以求出一個力學量的平均值：只要先求出描述體系的態函數 ψ，再進行上式的積分就可以了（儘管積分本身也可能是非常複雜的）。當然，要求出體系的態函數 ψ，就需要求解薛丁格方程式，而這通常也是一項很艱鉅的任務。

公設（4）：態函數 ψ 隨時間的演化，遵從薛丁格方程式：

在量子力學（波動力學形式）中，這是最基本的方程式。它是非相對論

情況下的基本動力學方程式。也即，公設（4）說得很清楚，這個方程式能夠給出波函數隨時間的演化。還應看到，在這裡，薛丁格方程式不是推導出來的，而是直接作為一個公設提出來的。正如在古典力學中一樣，牛頓的運動方程式也不是推導出來的，也是一個基本假設。

> 可以看到，薛丁格方程式是作為一個基本假設提出來的，是不能推導的。它是量子力學的基本方程式，是量子力學的核心。

　　雖然薛丁格方程式的左邊是對時間的一階偏導數，但是因為有虛數因子 i 的存在，所以方程式仍然是一個波動方程式，有波動解。方程式中的哈密頓量算符 $\hat{H}$ 為動能與勢能算符之和：$\hat{H} = \hat{T} + \hat{V}$。如果 $\hat{V}(\boldsymbol{r}, t)$ 含時間，則對應的量子體系 $\hat{H}(\boldsymbol{r}, t)$ 也含時間，說明粒子是在隨時間變化的勢場中運動，這種情況稱為非定態問題。但是在很多情況下，$\hat{V}(\boldsymbol{r})$ 並不顯含時間，這時粒子是在一個固定的與時間無關的勢場中運動，這種情況稱為定態問題。至於哈密頓算符要如何寫出，可參考 4.4 節裡的討論。

　　有一個非常重要的特例是應該要理解的，這就是完全不受任何約束的自由粒子的運動問題，即的情況。這時，薛丁格方程式為

$$\hat{H}\psi = \frac{\hat{P}^2}{2m}\psi = E\psi$$

這個方程式的解就是自由粒子的波函數：

$$\psi(\boldsymbol{r}, t) = A\mathrm{e}^{\frac{\mathrm{i}}{\hbar}(\boldsymbol{p}\cdot\boldsymbol{r} - Et)}$$

該波函數是一個平面波。稍有數學基礎的人可以將這個解代回原方程式裡面驗證一下。在 2.1.1 節中我們討論一個自由粒子的運動時，就多次提到這個平面波（可以回到 2.1.1 節複習一下）。

　　由於薛丁格方程式在量子力學中具有中心地位，我們將在 4.4 節中單獨給出一節的篇幅進行細緻的討論。

公設（5）：系統內任意兩個全同粒子互相交換，都不改變系統的狀態。

　　這一公設也稱為全同性原理。這裡面有一個重要的概念，即「全同粒子」。它是指微觀粒子是完全不可辨認的，例如，這個電子和另外一個電子是完全等同的，因為它們具有相同的質量、電荷、自旋和宇稱等內部量子數。微觀粒子這種全同性在根本意義上不同於宏觀物體。假設有一些剛剛生產出來的小鋼珠，我們的眼睛可能很難分辨出兩顆鋼珠的不同，但是這也僅僅是我們的眼睛無法分辨而已，兩顆鋼珠是一定有辦法分辨的。所以，「全同性」是微觀世界有別於宏觀世界的一個重要特徵。

> 量子力學認為同一種類的微觀粒子是完全相同的、不可區分的。這不同於古典力學中的一堆小鋼珠，眼睛可能無法區分不同的鋼珠，但是鋼珠本質上是可區分的。

　　本公設提到，「任意兩個全同粒子互相交換，都不改變系統的狀態」。這並不是說不改變體系的波函數 ψ（而是波函數的模平方不會改變）。恰恰相反，波函數是否改變，取決於這些全同粒子的本性。我們發現，微觀粒子分為兩類，一類稱為玻色子，另一類稱為費米子。所謂玻色子是指自旋為整數的粒子，它們遵從玻色（圖 4.4（a））—愛因斯坦統計，不遵守包立不相容原理，所以允許多個玻色子占據同一種狀態，在低溫時可以發生玻色—愛因斯坦凝聚。而費米子是指自旋為半整數（$1/2$，$3/2$，…）的粒子，它們服從費米（圖 4.4（b））—狄拉克統計。費米子滿足包立不相容原理，即不能有兩

個或兩個以上的全同費米子出現在相同的量子態中。實際上，交換兩個全同粒子，波函數可能會發生變化。所以，公設（5）還可以陳述為：由全同粒子組成的系統，按照這些粒子的本性（玻色子或費米子），全同玻色子總是用全對稱態函數描寫，即任意交換兩個玻色子，體系的波函數不變；全同費米子體系總是用全反對稱態函數描寫，即任意交換兩個費米子，體系波函數要加上一個負號。可以證明，這種交換對稱性質是不隨時間變化的。

> 多個玻色子可以同時占據同一個量子態，而兩個費米子不能同時
> 占據同樣的量子態，這是玻色子和費米子的根本區別。

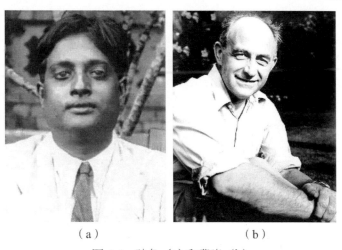

（a）　　　　　　　　（b）

圖 4.4　玻色（a）和費米（b）

以上給出了量子力學的五個公設。除了量子力學的這些基本假設之外，量子力學中還會出現一些基本的「原理」，它們都是不能透過數學證明的。只要某物理規律被稱為「原理」，那麼這個規律就是無法被證明的（和無需證明的），它們是否正確要透過從該原理獲得的結果是否與實驗結果（人類實踐）相符合來判斷。哪怕有非常多的地方理論與實驗都是相符的，只要有一處不

相符，就可以證明某些基本原理還是不夠「基本」，需要作出修正或者被徹底地打倒。

其實，物理學家們恨不得某個基本的物理方程式在某些情況下變得不適用，這樣大家就可以去尋找更一般的基本方程式了。而這樣的事情是非常刺激的，物理學家們都期望有這樣刺激的事情發生。當然，遇上這樣刺激的事情也是很不容易的。目前，暗物質和暗能量還是完全未知的東西，它們有什麼性質大部分還是未知的。它們自己是如何相互作用的？它們與正常的物質和能量又是如何相互作用的？這些都是非常吸引人的研究領域。誰知道在發現暗物質和暗能量後還需不需要稍稍修改一下廣義相對論（即引力理論）？愛因斯坦已經是物理學（和整個科學）領域中的聖人，能夠修改聖人的理論當然是很刺激的。

物理學的理論（當然還有其他一些科學）是非常非常精確的科學，或者說，是一門追求精確的科學。一個物理量或物理概念的背後一定會對應著一個精確的數學表達式，沒有這種數學對應的物理量很可能就不是一個重要的物理量了，這在各個物理學分支的發展中都有體現。

> 公式太多了？學物理的人應該喜歡公式才是。一個公式可以表達千言萬語也表達不完的東西，也只有公式才能給出物理學所要求的精確性。

可以看到，能量在量子力學的基本假設裡面是個很特殊的量（有很特別的地位），薛丁格方程式就是從能量對應的哈密頓算符 $\hat{H}$ 開始的。就是說，量子力學的物理出發點是從能量開始的，或者說很多的物理分析是從能量的分析開始的。

最後，如果你讀到的量子力學基本假設的形式有別於這裡給出的形式，那也是有可能的。使用密度矩陣的方法，就可以重新表述量子力學的這些基本假設和數學方程式。

4.4　薛丁格方程式

在 4.2 節中討論薛丁格創立波動力學時，我們簡單討論過薛丁格方程式。鑑於薛丁格方程式在量子力學中的極端重要性，我們在這裡再花一點篇幅討論這個方程式。

德布羅意的物質波的想法在當時是非常大膽的。德布羅意的導師是著名的物理學家朗之萬，朗之萬將德布羅意關於物質波的論文送給了當時已經非常著名的愛因斯坦，愛因斯坦對德布羅意的觀點給予了很高的評價，並在自己的論文中加以引用。當時還並不著名的薛丁格透過愛因斯坦的論文了解到了物質波的概念，並產生了濃厚的興趣。既然物質波是波，那就需要一個波的傳播方程式。於是在 1926 年（其實，薛丁格對德布羅意的物質波概念已經研究了整整一年的時間），薛丁格發表了一個計算物質波傳導的方程式，被稱為薛丁格方程式（值得在這裡再寫一遍）：

$$i\hbar\frac{\partial}{\partial t}\psi = \hat{H}\psi$$

這個方程式是量子力學中的基本方程式（沒有之一），它是描述微觀世界運動法則的基本理論，是薛丁格在蘇黎世大學任教期間提出的。薛丁格當時利用這個方程式計算出了氫原子中的電子能量，其結果與波耳透過量子化條件得到的結果一致。很快，薛丁格方程式得到了普朗克和愛因斯坦的大力讚賞。

> 物理學家習慣於微分方程式,那是牛頓力學中駕輕就熟的東西。人們也喜歡直觀的波函數圖像,所以薛丁格方程式一出現就非常流行。

歷史上,薛丁格方程式確實是透過一些「手段」建構出來的。但是,筆者認為,這個建構的過程對現在來說已經不重要了,這也許正是為什麼絕大多數的量子力學教科書都沒有給出這個「建構」的過程,而是直接將薛丁格方程式作為量子力學的一個基本假設來敘述。本書中,我們也是直接給出薛丁格方程式的。雖然是這樣,還是應該指出薛丁格提出他的方程式時的「立論」:量子客體的波粒二象性。但是,又可以說,在薛丁格方程式被提出之後,波粒二象性這個概念就沒有那麼重要了,因為薛丁格方程式本身就是對具有波粒二象性的單個量子客體普遍成立的動力學方程式。

物理學是有結構的。物理學的每一個分支學科都有一個基本方程式(或方程式組)作為該學科的支柱。然後,在各種約束和初始條件下透過求解這些基本方程式,就可以演繹出許許多多的結論。例如,古典力學中的牛頓方程式,電磁學中的馬克士威方程式組,熱學中的熱力學定律等,它們都是相應分支學科中的基本方程式。量子力學也不例外。雖然量子力學的基本方程式可能有不止一種說法,但是無論哪個學派都能夠接受把薛丁格方程式作為量子力學基本方程式的說法。因此,本書主要討論的就是把薛丁格方程式作為基本方程式時所引申出來的各個物理量和各種基本概念。可以強調一下,薛丁格方程式在量子力學中的地位和作用就像牛頓方程式在古典力學中的地位和作用一樣。

> 薛丁格方程式取代了牛頓方程式,它在量子力學中的地位就像牛頓方程式在古典力學中的地位一樣。

要想深刻地理解薛丁格方程式，可能需要比較多的數學和物理學知識。因此，本書中我們只能「量力而為」地對薛丁格方程式進行討論。我們將盡量透過語言的直敘來說明該方程式的特點。

1. 薛丁格方程式的解是波動的，所以 ψ 稱為波函數（在這之前，我們也稱它為態函數），它就是拿來表示物質波的。薛丁格方程式的提出，意味著波函數是體系的基本量，即一旦波函數得以知道，體系的所有性質便能確定下來。

2. 薛丁格方程式的左邊有一個因子 i，它是表示虛數的符號，即 $i = \sqrt{-1}$，也就是說 i 的平方將會得到一個負數 -1。所以，薛丁格方程式的解波函數 ψ 一定是複數，就是一種波。

3. 當體系的初態 $\psi(r, 0)$ 給定之後，以後任一時刻的狀態 $\psi(r, t)$ 就可以由這個薛丁格方程式完全確定下來。只是要注意，狀態 ψ 並沒有實在的對應，只有它的平方 —— $|\psi|^2$ 才對應著找到粒子的機率。這是量子力學中最基本的概念之一。讀者還可以從 5.2 節的「態疊加原理」那裡比較深入地理解 ψ 和 $|\psi|^2$ 的重要區別。

4. 定態薛丁格方程式是一個特徵值問題。所謂特徵值問題，請參考 4.3 節的「量子力學的基本假設」。

5. 薛丁格雖然建立了波動方程式，但他自己並不清楚方程式中的態函數是什麼東西。他給出了一個關於態函數的半古典解釋，後來被玻恩的機率解釋所取代。

薛丁格在建立關於體系態函數 ψ 的波動方程式時，他自己也不清楚這個態函數（或波函數）是什麼東西。他給出了一個關於態函數的半古典解釋，最後被玻恩的機率解釋所取代。文策爾（Wentzel）、歐本海默和狄拉克等人

依據玻恩的機率解釋成功地處理了拉塞福散射以及光的色散等過程。從此，玻恩的機率解釋為大家所接受。這個機率解釋證實了量子力學的統計觀點，古典力學中所一直公認的自然過程的完全決定性，現在必須放棄掉了。來看一下自由粒子的情況，可以發現，其實玻恩的機率解釋是「很順的」：為了描述一個完全自由的粒子，量子力學提出「對於一個自由粒子，在空間中任意一點找到該粒子的機率是一樣的」（參見 2.1.1 節）。確實對於自由粒子來說，它可以處在空間的任意一點上，而且處在各點的機率應該一樣。對應於自由粒子的薛丁格方程式，它的波函數就是平面波，而平面波的平方是個常數。所以很自然地，按照玻恩的機率解釋，平面波（波函數）的平方可以用來描述找到自由粒子的機率（對應「在空間任意一點找到該粒子的機率是一樣的」）。順便提一下，對一個自由粒子運動的描述，如果你有比量子力學的上述圖像更加合理的哲學（及其數學描述），那麼你就有可能建立起比量子力學更加合理的科學理論，而那將會是人類科學的又一次巨大進步。

　　一個非常重要卻往往被很多書籍忽略的問題是：在薛丁格方程式中，一個物理系統的哈密頓量算符 $\hat{H}$ 應該採取什麼形式呢？通常地，我們可以把古典物理學裡的相互作用勢的形式照搬過來（沒有古典力學對應的物理量除外），但這需要實驗的檢驗才能確定下來。對於電磁相互作用，古典的類比已經被證明是很有效的。對於本質上很不同的引力相互作用，透過中子的引力干涉實驗，也證明了古典的引力勢同樣適用於量子力學。

　　薛丁格方程式提出之後，量子力學得到了迅速發展，主要的發展有三個方面：①將量子力學的方程式應用到各種的實際問題上去，由此開創了眾多新的應用領域，例如，半導體物理、雷射物理、超導物理、原子核物理、現代理論天體物理、量子化學以及量子運算等。這些非常重要的新學科已經成

為當代文明社會的基礎學科，它們都是以量子力學為理論基礎的。②將量子力學與愛因斯坦的相對論相結合，建立了相對論量子力學和量子場論，並在此基礎上誕生了全新的粒子物理學和現代宇宙學。到如今，粒子物理學和現代宇宙學都已經取得了極其輝煌的成就。但是至今，量子力學與廣義相對論之間還不相容，建立大統一的理論是人們的理想。③繼續越來越深入地探討量子力學自身的本質問題和理論基礎。費曼曾經說過，世界上沒有人真正理解量子力學。量子力學的非定域性（如量子纏結）確實可能還無人能真正地理解。看來，並非只是我們這些凡夫俗子們不能理解量子力學，即便是量子力學的創立者們也還不能完全理解量子力學的本質。量子力學在以上三個方面的發展都取得了輝煌的成果。

　　值得一提的是，薛丁格方程式是無法進行數學證明的，它就是一種猜測或者說是基本假設。至於猜測得是否正確，只有等待實驗的驗證。到目前為止，極大量的實驗均證明了薛丁格方程式的正確性，同時也證明了波函數的假設及其機率解釋的正確性。

> 薛丁格方程式是無法進行數學證明的，它就是一種猜測或基本假設。至於猜測得是否正確，只有等待實驗的驗證。

　　最後，我們還可以採用一種較普遍的表述方式：運動方程式的具體形式取決於物理系統的情況，但是總可以寫出

$$\psi(t) = U(t,t_0)\psi(t_0)$$

　　很顯然，算符 $U(t，t_0)$ 可稱為演化算符，它把 t_0 時的態函數 $\psi(t_0)$ 演變成時刻 t 時的態函數 $\psi(t)$。很容易驗證，對應於薛丁格方程式（見本節前面部分）的演化算符應該是

$$U(t,t_0) = e^{-iH(t-t_0)/\hbar}$$

4.5 波函數的機率解釋

薛丁格建立了關於波函數 ψ 的動力學方程式,即薛丁格方程式。因為薛丁格方程式形式上同古典物理學的波動方程式很相像,所以把 ψ 稱為波函數,這一名稱一直被沿用。最初,薛丁格自己也沒有搞清楚這個波函數 ψ 的確切意義,一直到玻恩(圖4.5)提出機率解釋才算有了正確的解釋。1926 年夏,玻恩在使用薛丁格方程式處理散射問題時為了解釋散射粒子的角分布而最早提出了「波函數的機率解釋」。玻恩在一篇題為《散射過程的量子力學》的論文中指出:「對於散射問題,僅有薛丁格的(量子力學)形式表明能夠勝任。基於這一點,我願把它看

圖 4.5 玻恩

成是對量子規律最深刻的描述。」玻恩在這篇論文的清樣中加了一個短短的註釋:「散射後粒子在空間某一方向出現的機率,正比於波函數的平方。」這就是波函數機率解釋的最初版本。

玻恩認為,在薛丁格方程式中波函數所描述的(或者德布羅意所指出的物質波),並不像古典波那樣對應著什麼實在的物理量,而僅僅是一種描繪粒子在空間的機率分布的機率波而已。也就是說,玻恩正確地指出了,波函數 ψ 的平方代表了粒子在某個「地點」出現的機率。這一解釋後來成為量子

力學中最深刻的一個表達，它避免了薛丁格的物質波解釋所帶來的許多難以
說清楚的困難。現在認為，電子不會像波那樣擴展開來，只是電子出現的機
率像一個波，而這個波由薛丁格方程式確定。玻恩的機率解釋很快得到了大
家的認同，而這最根本的原因當然是因為它能非常合理地解釋已有的各種實
驗事實。

> 量子力學中最重要的基本概念就是波函數的機率解釋，這是越來
> 越多的物理學大家共同認為的東西。

有人說，玻恩開創了僅憑一個短短的註釋就獲得諾貝爾物理學獎（1954
年）的先例。這種說法當然是有所「誇張」的，玻恩在量子力學的發展過程中
一直都非常活躍，他對海森堡的量子力學矩陣形式的完善並最終取得成功作
出了重要貢獻。他也是哥本哈根學派中第一個接受薛丁格量子力學的人。設
想有一個名不見經傳的人，在那個年代在他的論文的註釋中提出波函數的機
率解釋，恐怕要得到物理學界的普遍認同也不是那麼容易的。波函數的機率
解釋是玻恩提出的，但有一本書認為 [14]：愛因斯坦實際上比玻恩知道得更早；
而另一本書卻說 [3]：愛因斯坦和薛丁格對玻恩的解釋有所保留。或許，面對
有些相互矛盾的文獻，我們只應該看到，最早出現機率解釋的歷史文獻應該
歸於玻恩。

> 古典物理中，存在所謂的拉普拉斯的惡魔：即宇宙是完全被決定
> 的。波函數的機率解釋打破了這一決定性，在微觀世界裡，我們
> 無法預言一個微粒的運動。

在古典物理學中，存在所謂的拉普拉斯的惡魔：即宇宙是完全被決定的。
拉普拉斯認為，存在一組科學定律，只要我們完全知道宇宙在某一時刻的狀

態，我們便能依照這些定律預言宇宙將會發生的任何一個事件。例如，如果我們知道某一時刻太陽和行星的位置和速度，我們就可以使用牛頓運動定律求出任意其他時刻太陽和行星的運動狀態。可見，在古典力學中，這種宿命論是顯而易見的。哪怕在古典統計物理學中，雖然有運用統計決定性來計算系統的宏觀性質，但系統中每個微粒或者每個個別過程也都被認為遵從拉普拉斯的因果性，而宏觀性質正是對這些個別過程統計平均的結果。但是，在微觀世界裡，我們便無法預言一個微粒的運動（如果想預言的話，那也只能是統計學意義上的預言）。現在，按照玻恩的波函數 ψ 的統計解釋，在量子力學中是不存在拉普拉斯的惡魔的，一開始占支配地位的就是統計決定性（這是很重要的）。玻恩說過：「在量子力學裡滿足波動方程式的波完全不代表物質粒子的運動，它們僅僅決定物質的可能狀態。」玻恩還說道：「粒子運動遵循機率定律，而機率本身按照因果律傳播。」玻恩的這句話很好地概括了量子力學的統計本性。將玻恩的敘述與薛丁格方程式聯合起來看，就能夠很好地幫助我們理解量子力學不同於古典力學的本性。

> 有人說，一切都是波函數惹的禍！波函數是一個瀰漫於整個空間的函數，它很好用，可以解釋實驗，但它到底是什麼東西？

　　玻恩提出的機率不是簡單而直接地對應於波函數 ψ，而是對應於 ψ 的模的平方（即模方），也就是說，波函數 ψ 並不直接對應著機率，它只是「機率幅」（或機率波幅），它的模平方才是機率。這裡給出的名詞「機率幅」經常僅在各種量子力學的科普書中出現。與電磁場不同，量子力學中的 ψ 本身沒有直接的物理實在性，它是對應於機率的平方根這樣一個非物理量，這才是真正的驚人之處。應該知道，ψ 不是一種物理波動（不是實在的物理量），但它能夠給出各種實在物理量的取值和變化的知識（參見 4.3 節「量子力學

的基本假設」）。所以，波函數是體系的基本量，也就是說，一旦 ψ 被求出，那麼所有的物理量的平均值都可以由相應的力學量的算符和波函數的積分求出。總之，按照玻恩的機率解釋，如果我們想要判斷一個微粒將會出現在哪裡，只能用各種不同結果可能出現的機率的方式來表述（圖 4.6），而薛丁格方程式使我們有能力作出各種機率性的預言。

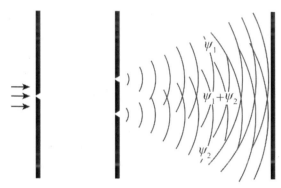

圖 4.6　機率波的干涉，機率波決定粒子到哪裡去

在物理學中，一般來說，一個觀點正確與否是可以有明確的「判據」的。如果由某個觀點作為出發點，所推導出的各種物理現象的數值結果與實驗結果完全相符（在實驗誤差範圍內一致），那麼這樣的觀點就認為是正確的。對於量子力學發展歷史中的很多爭論，情況也是一樣的。例如，關於波函數的機率解釋，在玻恩提出這個解釋之後，從量子力學方程式獲得的結果就與經驗事實實現了可靠的一一對應關係。派斯（Pais）說道，玻恩的這一貢獻導致了量子革命的終結。或者說，機率解釋從根本上完成了量子力學的概念體系，即量子力學從此得到了它自己非常獨特的基本概念。因此，量子力學完全擺脫了古典物理學的觀念，走上了成熟的發展道路。現在，許多量子力學大咖都認為，波函數的機率解釋代表了量子力學的精華。

最後，由於波函數的機率解釋，使得波函數本身存在兩個重要的特點（對專業人士而言是重要的）：

1. 波函數有一個常數因子的不定性。也即，$\psi(r)$ 與 $C\psi(r)$（C 為常數）所描述的相對機率分布是一樣的：

$$\frac{|C\psi(\boldsymbol{r}_1)|^2}{|C\psi(\boldsymbol{r}_2)|^2} = \frac{|\psi(\boldsymbol{r}_1)|^2}{|\psi(\boldsymbol{r}_2)|^2}$$

2. 波函數還有一個相位的不定性。這是因為即便波函數是歸一的，仍然有一個模為 1 的因子的不定性，即 $e^{i\alpha}$（α 為相角）乘上 $\psi(r)$ —— $e^{i\alpha}\psi(r)$，與 $\psi(r)$ 描述了同一個機率波。

> 玻恩對量子力學有基礎性的貢獻（即矩陣力學的發展），但是諾貝爾獎卻姍姍來遲。

講一點玻恩的軼事，這不得不談到「遲到的諾貝爾獎」。

玻恩對量子力學的基礎性貢獻（即矩陣力學的發展）以及對波函數的統計性解釋，理應獲得諾貝爾獎，然而諾貝爾獎委員會一直忽視玻恩的工作。諾貝爾獎給玻恩心理上所造成的創傷他一直都埋在心裡，即使在他的自傳中也很少提及。他只是曾經對自己的長子說：「（這件事）曾深深地刺傷了我。」當海森堡因獲得諾貝爾獎而回覆玻恩的賀信時說：「這一工作是哥廷根合作的成果，是你我和約爾旦共同完成的，然而卻只有我一個人拿到了獎。這件事已經成了現實，它使我感到很愧疚。」1933 年，當薛丁格獲悉自己獲得諾貝爾獎時，也曾寫信給玻恩說：「當時我真的感到有些呆住了，因為我覺得領這個獎的應當是你。」

1953 年，玻恩從愛丁堡大學退休回到德國，在哥廷根附近定居下來。次

年年底，玻恩終於獲得了諾貝爾物理學獎，此時他已經 72 歲了。應該說，
這真是一個遲到的諾貝爾獎，它本應該在大約二十年前就頒出了。玻恩是量
子理論的創建人之一，為什麼會被瑞典皇家科學院所遺漏，這不得不談到諾
貝爾獎的評審程序。諾貝爾獎的提名過程分三輪進行。第一輪提名由各諾貝
爾獎委員會向世界各地的有關科學家徵詢候選人名單，會有 2000 ～ 3000 名
知名的科學家收到提名候選人的邀請；第二輪由各委員會對第一輪候選人名
單進行遴選和評審；第三輪由瑞典皇家科學院召開院士大會進行投票。這其
中，諾貝爾獎的各委員會成員的作用尤其重要。玻恩最初一直不能獲獎就是
因為物理科學委員會的成員奧辛個人對量子力學的看法導致的。

　　玻恩對量子力學矩陣力學形式的貢獻離不開約爾旦（1964 年，約爾旦甚
至聲稱，「論量子力學」的論文幾乎就是他一個人的貢獻。不過，這時玻恩已
經生病了）。約爾旦在量子史話中確實一般著墨不多，但其實他對量子力學的
建立和完善有著重要的貢獻。約爾旦 1903 年出生在德國的漢諾威，他是一
個害羞和內向的人，說話有點口吃，所以總是結結巴巴的，很少授課或發表
演講。約爾旦是物理學史上兩篇重要論文《論量子力學》I 和 II 的作者之一，
可以說也是量子力學的主要創立者。除了對量子力學的矩陣力學的重要貢獻
外，他在量子場論、電子自旋以及量子電動力學中也作出了巨大的貢獻。約
爾旦後期對自己的成就被低估感到惱火，他的名聲遠遠不及玻恩和海森堡。
有一件嚴重的事情是，他在第二次世界大戰期間成為納粹的同情者，這顯然
不利於他的名聲。

> 約爾旦對量子力學的建立和完善有重要的貢獻，但是在量子史話
> 中確實著墨不多。這或許有一點不公平吧。

4.6　測不準原理

　　測不準原理，也稱為不確定關係，還稱為不確定性原理。測不準原理在量子力學中的地位一直存在很大的爭議，有各種莫衷一是的講法。測不準原理是 1927 年由海森堡提出的，從提出之日起，已經過去了九十年。關於這一關係究竟是量子力學理論中具有獨立邏輯地位的原理，還是可以由量子力學的基本假設出發得到的推論，一直沒有統一的說法。不過，現在很多教科書都表述為測不準原理，所以我們在這裡也採用這一名字。

　　很多人不認可測不準原理可以稱為一個原理（即不可推導或證明的東西），很大原因可能是因為歷史上測不準原理是可以被推導出來的。1927 年，肯納德（Kennard）在一篇綜述文章中，第一次利用量子力學的數學框架，證明了海森堡的測不準原理式，而且在導出測不準原理的不等式時沒有依賴任何具體的模型；1928 年，外爾（Weyl）在《群論和量子力學》一書中，首次把測不準原理寫進書裡。而且由於包立的建議，外爾使用施瓦茨不等式也推導出了測不準原理式；1929 年，羅伯遜（Robertson）成功地把外爾的方法用到任意兩個不對易的力學量 A 和 B 上，得到了一般情況下兩個力學量間的測不準原理。現在大多數的量子力學教科書實質上都是基於羅伯遜的推導（有所改寫而已）；1930 年，薛丁格還改進了羅伯遜的結果，使之具有更加嚴格的形式。1934 年，波普爾（Popper）指出：既然從量子力學的基本原理可以導出測不準原理，這一關係就應當作為一個推論，而不應該作為量子理論的邏輯體系中有獨立地位的原理（對測不準原理的嚴格推導沒有超越態函數的機率解釋）。

> 如果一個物理規律是不可推導或被數學證明的，通常可以稱之為原理。而在歷史上，測不準原理多次被推導出來。

　　在 1927 年提出測不準原理的論文裡，海森堡指出：「如果誰想要闡明『一個物體的位置』（例如一個電子的位置）這個短語的意義，那麼他就要描述一個能夠測量『電子位置』的實驗，否則這個短語就根本沒有意義。」在這裡，我們透過「約束」的概念提供一個容易理解的圖像來說明對「電子位置」的測量，以及什麼是測不準原理：當一個電子完全自由時，由於它可以處在空間中的任意位置，而且處在任意位置的機率是一樣的，所以其位置的不確定度為無窮大。但是此時電子的動量具有完全確定的值，其不確定度為零。現在假設對這個自由電子施加一點點約束，這樣電子就不完全自由了，處在空間中各處的機率也變得不一樣了（例如，出現在有約束的地方的機率會大一些），這就導致其位置不確定度變小了一些，同時動量就出現了一些不確定性。當所加的約束非常非常強的時候，電子就可能被限制在一個非常小的區域內，這時位置的不確定度就變得很小，但是這時電子動量的不確定度就會變得很大（波耳認為，這實際上是由於粒子具有波動性的緣故）。測不準原理的意思就是說，電子位置的不確定度和動量的不確定度的乘積必須大於一個常數，即普朗克常數的 1/2 倍數：

$$\Delta x \cdot \Delta p \geqslant \frac{\hbar}{2}$$

> 測不準原理實際上是自然界的一個基本數學原則，它確定了數學方程式中成對出現的所謂正則共軛變數必然要受到的限制，即魚和熊掌不可兼得。

　　如果是這樣的話，位置的不確定度和動量的不確定度就不能同時為零（特殊情況是：如果一個趨於零，另一個則會趨於無窮大，以便讓其乘積滿足上面的測不準原理）。容易看到，測不準原理「規定」了一個原則：即不能同

時精確地測量一個粒子的位置和動量（或速度）。測不準原理是量子力學特有的，它沒有古典物理的對應物。

海森堡指出，量子客體（微觀粒子）具有成對的屬性。對物體的一個屬性的了解越是準確，對其另一個屬性（共軛量）的測定就會越不準確。也就是說，我們永遠無法同時精確地測量一對共軛的物理量。例如，我們無法同時既測出一個粒子的準確位置，又測出這個粒子的準確動量。對一個量測量得越準確，對其共軛量的測量將會越不準確。前面看到，如果想把粒子約束到空間的一個點上，就勢必會導致粒了的動量有無窮大的不確定性。那麼，什麼是「共軛量」呢？在量子力學中，從數學上講，就是滿足

$$[\hat{A}, \hat{B}] = \hat{A}\hat{B} - \hat{B}\hat{A} = i\hbar$$

關係的一對 $\hat{A}$ 和 $\hat{B}$ 算符，它們就是共軛量。除了已經討論到的位置和動量是共軛量，能量和時間、角動量和位相也分別是共軛量。實際上，羅伯遜正是根據這個關係式，加上施瓦茨不等式，導出了測不準原理式的。字面上，「共軛」的本意是：兩頭牛背上的架子稱為軛，軛使兩頭牛同步行走。共軛即為按一定的規律相配的一對（在物理中一般描述的是以某軸為對稱的兩個物體）。可見，共軛是說兩個對象之間具有某種對應關係，透過對其中一個對象的性質的了解，可以根據這種對應性來了解另一個對象的性質。量子力學中共軛量所具有的重要性質就是滿足測不準原理。

> 事物都是彼此制約，互相限制的，測不準原理反映了自然界的這個本質。互相限制的共軛量有位置和動量，能量和時間等。

測不準原理可以有最一般的表述，就是對任意兩個不對易的力學量 A 和 B，可以有如下一般意義下的測不準原理式（A 和 B 必須是共軛量）：

$$\Delta A \cdot \Delta B \geqslant \frac{1}{2} \left| [A, B] \right|$$

對測不準原理物理意義上的解釋，並不簡單。測不準原理中的所謂「不確定度」到底是指對單個微觀過程進行測量的可能誤差呢？還是指在相同條件下進行多次測量的統計偏差呢？這一直存在不同的意見，認為是「單次測量的不確定度」的解釋稱為測不準原理的非統計解釋。海森堡就把單次測量中的不確定量說成是測量值的精確度或精度，而通常又把精確度當作實驗誤差來理解。從 1950 年代開始，經過馬格納等人的努力，越來越多的人開始認為應該在多次測量的統計意義上解釋測不準原理。因此，這也稱為測不準原理的統計解釋。這時，「不確定度」指的是多次測量的統計散布。現在看來，測不準原理的統計解釋這一結論可以從經受過無數次實驗檢驗的量子力學基本原理推導出來，因此在邏輯上是可靠的。實驗上沒有觀察到與這一結論相矛盾的情況。

> 測不準原理不是因為實驗儀器的誤差，它是自然界的本質特徵之一。這種不確定性不會隨著測量儀器精度的改變而消除。

測不準原理是一個不等式，它有下限而沒有上限。直接利用測不準原理來求物理量的精確值有一定的困難。但是測不準原理常常可以用來定性地估計一個物理系統的基本特徵。例如：在中子被發現之前，有人認為原子核是由質子和電子構成的，這種看法當然是不對的。可以利用測不準原理來判斷一下電子能不能待在原子核中：我們知道原子核的半徑小於 10^{-12} cm，如果電子處在原子核中，那麼它的位置不確定度為 $\Delta x \leq 10^{-12}$ cm。使用測不準原理，很容易求出電子動量的不確定度，繼而求出電子的能量大約應該在 20 MeV（兆電子伏特），但是實際上從原子核裡面出來的電子的能量只有約 1

MeV，這與理論估計值相差幾十倍。可以判斷，電子並不在原子核當中。後來，中子被發現後，人們發現電子是在核衰變中產生的。

> 測不準原理可以用來定性地估計一個物理系統的基本特徵。例如，用測不準原理很容易估計出電子不可能待在原子核中。

最後，關於測不準原理，牛津大學的莫里斯給我們提供了一個非常形象又很有意思的描述：讓我們想像一下，我們正準備給一個高速從我們身邊飛過的物體拍照。現在來考慮兩種情況。第一種情況是，我們非常神速地按下快門，從而將物體的形態在底片上定格下來。由於快門按得很快，可以想像我們應該能夠非常清楚地在照片上看到物體的形象。但是，這種情況下我們將無法從照片上看出物體是如何在空中運動的，我們甚至只能猜測，物體像是靜止在空中一樣。另一種情況是，我們不緊不慢地以較慢的速度按下快門，那麼這樣拍出的照片中，我們將無法非常清楚地分辨出物體的具體形態，但是模糊的物體的像卻可以展示出物體的運動情況。總而言之，如果我們想看清楚高速飛行的物體，那就將無法看清楚物體的運動情況；反之，如果我們想知道物體的運動情況，那就將難以看清物體的形態。

4.7　愛因斯坦與波耳的爭論

量子力學建立以後，對於量子力學的物理解釋和哲學意義，一直存在著嚴重的分歧和激烈的討論。許多著名的理論物理學家、實驗物理學家，甚至數學家和哲學家等都捲入了這場爭論。爭論是非常深刻和廣泛的，這在科學史上是很罕見的。這其中，愛因斯坦和波耳在量子理論上的爭論（圖 4.7）非常有名，這不僅僅是因為愛因斯坦和波耳都是 20 世紀最具代表性的物理學

家，還因為他們關於量子力學的本質問題的爭論具有根本意義上的重要性。所以，我們花一節不長的篇幅來簡單介紹一下這場爭論。我們不想也不可能將這場爭論的細節敘述得非常清楚，如果各位有興趣，有大量關於這場爭論的論文和書籍可供參考。

在愛因斯坦和波耳的爭論中，波耳可以「被判獲勝」，這是因為愛因斯坦最終也沒有能夠指出量子理論中哪裡有決定性的失誤。不管怎樣，愛因斯坦終生也沒有消除他對量子理論的不信任感。愛因斯坦承認，量子理論的確在某種程度上正確地表現出了自然現象，但是他認為，量子理論是不完整的，它還不能算是最終的理論。這與以波耳為首的哥本哈根學派所認為的「量子力學是完備的理論」相左。

> 愛因斯坦始終也沒有能夠指出量子論中哪裡有決定性的失誤，因而這場爭論波耳可以「被判獲勝」。但是，愛因斯坦終生也沒有消除他對量子理論的不信任感。

圖 4.7　愛因斯坦：「我相信上帝不扔骰子的。」；波耳：「不要告訴上帝該去做什麼。」

雖然愛因斯坦和波耳的爭論非常著名，可惜的是，並沒有原始的官方資

料保存下來，對當時情景的回顧只能依靠一些當事人的回憶和信件，當然也有波耳本人在 1949 年為慶祝愛因斯坦 70 歲生日所寫的文章等。海森堡在 1967 年回憶道：「（開會期間）我們一般在旅館用早餐的時候見面，這時愛因斯坦就會描繪一個思考實驗，用來說明哥本哈根學派解釋中的矛盾。然後愛因斯坦、波耳和我便會走向會場，我就可以聆聽這兩個哲學態度迥異的人的討論。會議中間，尤其是會間休息的時候，我們這些年輕人 —— 大多數時候是我和包立 —— 就會試著分析愛因斯坦的實驗。吃午飯的時候，又在波耳和哥本哈根學派的人之間討論。一般來說，波耳在傍晚的時候就心裡有數了。他會在晚餐的時候分析給愛因斯坦聽，愛因斯坦對這些分析提不出反駁，但是在他心裡是不服氣的。」

> 一直到愛因斯坦去世，波耳也沒有能夠說服愛因斯坦相信量子力學的解釋是正確和完備的。

本節我們只討論愛因斯坦和波耳在三個方面比較著名的爭論，主要涉及「量子力學的解釋」、「測不準原理」和「量子力學的完備性」三個方面。

1926 年 9 月，薛丁格應波耳之邀，訪問了哥本哈根並介紹了他的波動力學。薛丁格提出應該放棄量子躍遷的概念，而代之以三維空間的波來描述微觀客體的行為。薛丁格的這一想法一提出來，立即遭到波耳的強烈反對。這一爭論也被看作是愛因斯坦和波耳爭論的序幕。

在介紹愛因斯坦和波耳在量子力學的解釋方面的爭論之前，我們有必要簡單總結一下波耳學派和愛因斯坦的基本觀點。

以波耳為代表的哥本哈根學派的主要觀點包括以下幾點。

1. 波函數的機率解釋。說明在微觀領域，古典力學的決定性和因果律都

遭到了破壞，量子力學的機率性是本質的。

2. 測不準原理。電子座標和動量、能量和時間等正則共軛物理量不能同時被準確確定，要遵從測不準原理。海森堡認為，這種不確定性正是量子力學中出現統計關係的根本原因。

3. 波耳的互補原理：（波和粒子）無論是哪一種圖像都不能向我們提供微觀客體的完整描述，只有把這兩種圖像結合起來、相互補充，才能提供微觀客體的完整描述。

4. 量子躍遷是量子力學的基本概念。

另一方面，愛因斯坦、薛丁格等人的觀點主要是：

1. 堅持「完全的因果性」的信念。

2. 質疑「量子力學僅可建立在可觀察量的基礎上」，提出了「是理論決定我們能夠觀察到的東西」的觀點。

4.7.1　愛因斯坦和波耳在量子力學的解釋方面的爭論

1927 年 10 月，在比利時首都布魯塞爾召開了第五次索爾維會議。會議主題是「電子和光子」。玻恩和海森堡在作關於矩陣力學的報告時指出：「我們主張量子力學是一種完備的理論，它的基本物理假說和數學假說是不能進一步被修改的。」這番話無疑是向不同意見提出了挑戰。接著波耳也再次闡述了他的「互補原理」。由於愛因斯坦一直對量子力學的統計解釋感到不滿，他曾在 1926 年 12 月給玻恩寫信時說：「上帝不是在擲骰子。」在會議上，當玻恩問到愛因斯坦的意見時，愛因斯坦表示贊同量子力學的系綜機率解釋，但不贊成把量子力學看成是單個過程的完備理論的觀點。愛因斯坦的發言掀

起了波瀾，也從此引發了他和波耳之間就量子力學解釋問題的公開爭論。

愛因斯坦對波函數的機率解釋不滿，也對測不準原理很不滿意。

愛因斯坦和薛丁格等人都不贊成把物理學建立在不確定的統計解釋和測不準原理之上。愛因斯坦尤其對量子力學中的機率解釋很不滿意。我們來看看愛因斯坦對這兩個極重要的實驗的看法，以及波耳是如何反應的。

1. 一個電子通過一個小孔（或一個小縫）的衍射實驗：愛因斯坦首先指出了當時的兩種觀點，第一種認為電子是一團電子雲（薛丁格的說法），第二種認為電子並不擴散到空中，但是 ψ 是它的機率波。愛因斯坦承認第二種觀點比第一種更加完備，因為它整個地包含了第一種的觀點。但是愛因斯坦還是反對第二種觀點。因為這裡面的隨機性會使同一個過程產生許多不同的結果，這樣感應屏障上的許多區域都要同時對電子的觀測作出反應。這種情況的背後隱含著一種超距作用，這是違背相對論的。顯然，愛因斯坦對此是不能容忍的。波耳在經過認真思考之後指出，不能避免在測量時儀器對電子有不可控制的相互作用，即電子與小孔邊沿的相互作用。

2. 類似湯瑪斯‧楊的雙縫干涉實驗（圖 3.16）：在實驗中控制電子槍讓它一個一個很慢地發射電子，感應屏障上就會出現一個一個的亮點，從而可以測量電子們的位置。愛因斯坦說，如果分別關閉兩條縫中的一條，就可以判斷電子是通過了哪一條縫，從而測出電子的準確路徑。由於干涉條紋可以用來計算電子波的波長，從而可以精確地得出電子的動量，這樣就否定了測不準原理（因為位置和動量被同時精確確定了）。波耳在經過認真思考後說，如果關閉兩條狹縫中的任何一條，實驗狀態就完全改變了，雙縫開啟時出現的干涉現象就不會出現，實驗

將回到單縫狀態。也就是說，電子的行為依賴於壁上有沒有存在另外一條狹縫。

愛因斯坦並沒有因為自己的質疑被波耳化解而改變自己的看法，他曾經說過一句充分表達他內心信念的名言：「你相信擲骰子，我卻相信客觀存在的世界中的完備定律和秩序。」

順便來看一下歷史上著名的第五屆索爾維會議，是很有意思的（這次會議從 1927 年 10 月 24 日開到 29 日，為期 6 天）。請大家看一下會議所留下的這張照片（圖 4.8），這是物理學史上至今最偉大的照片，它顯然就是「物理學家全明星的夢之隊」。這張照片使後人感到十分的驚奇，歷史是如何能夠在這麼短的時間（6 天）、這麼小的會議規模（20～30 人）以及這麼小的一個地方同時聚集了這麼多的物理學權威。當然世界上沒有盡善盡美的東西，有一點遺憾的是索末菲和約爾旦沒有在照片中。

> 這張照片使後人感到十分的驚奇，它是物理學史上至今最偉大的照片。這麼多的物理學大師同時都在裡面。

圖 4.8　第五屆索爾維會議參加者

4.7.2 在測不準原理上的爭論

愛因斯坦認識到,量子理論方興未艾,已經枝繁葉茂。與波耳在細節上爭執,已經沒有什麼意義。再說,波耳的背後還有海森堡、包立等一群弟子,他們都已經成長為獨當一面的「宗師」。所以,愛因斯坦必須在量子理論的精髓和要害部位提出質疑,這個要害就是測不準原理。愛因斯坦除了對量子力學的機率解釋不滿之外,對測不準原理也很不滿意。他認為這是由於量子力學主要的描述方式不完備造成的,所以只能得出不確定的結果。在 1930 年 10 月的第六屆索爾維會議上,愛因斯坦提出了一個後來被稱為「愛因斯坦光子箱」的理想實驗。光子箱如圖 4.9 所示。情況是這樣的:想像有一個不透明的箱子,內有一些光子。將箱子懸掛在一個固定的底座上。箱壁上開一個小孔,並設有用計時裝置控制的快門。箱子下面掛一個重物 G,整個箱子的重量可以由裝在箱子外面的指針測定。現在,如果從快門打開到閉合的很短時間 Δt 裡,只讓一個光子飛出,Δt 可透過計時裝置精確地測定。由於飛出一個光子而引起的整個箱子的質量改變 Δm 也可精確測定,則由質能關係式 $E=mc^2$ 即可計算出能量的變化 ΔE,這樣 Δt 和 ΔE 就可以同時被精確地測定了。這樣,測不準原理不再成立。

> 愛因斯坦提出所謂的「光子箱」理想實驗,雖然波耳給出了滿意的解釋,但在波耳逝世的前一天,他還在黑板上畫著光子箱。

聽了愛因斯坦「光子箱」的發言,據說當時波耳「面色蒼白,呆若木雞」(多數書籍都這樣引述)。愛因斯坦的這一招當然乾淨漂亮,直中要害,波耳一時也想不出什麼反擊的方法。面對這一嚴重挑戰,波耳經過一個不眠之夜的思考,終於找到了愛因斯坦的疏漏之處,第二天波耳就做了一個漂亮的回

答。波耳指出，如果一個光子跑了，箱子的重量就輕了 Δm。重量是用彈簧秤來測量的，那麼當光子跑了的時候箱子必將沿重力方向發生運動。這時，由於箱子在重力場中發生了位置變化，箱子內的鐘的快慢也將因廣義相對論的紅移效應而發生改變 Δt，從而使時間的測量產生一個不確定量。波耳由此得出結論：用這種儀器作為精確測定光子能量的工具，將不能控制光子逸出的時間。波耳由此漂亮地導出了 $\Delta t \cdot \Delta E > h$ 的測不準原理式。就這樣，愛因斯坦精心設計的「光子箱」理想實驗，不但沒有難倒波耳，反而成了測不準原理的一個絕好例證。這也正是我們討論愛因斯坦和波

耳爭論的重要意義之所在。愛因斯坦也承認波耳的結論無可指責。

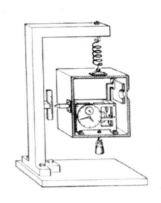

圖 4.9　光子箱理想實驗

4.7.3　關於量子力學完備性的爭論

爭論還在繼續。愛因斯坦精通物理，老謀深算，屢出奇招，一心要扳倒以機率論為基礎的量子力學，因為這種建立在不確定性之上的自然科學理論

令愛因斯坦十分反感。愛因斯坦本人就是量子理論的開山鼻祖，他對量子理論了如指掌，比任何人都清楚這其中的虛實深淺。愛因斯坦還認為量子力學的邏輯和假設是詭異的、充斥著一般人難以理解的東西。

在這裡，我們來看看愛因斯坦為了扳倒量子理論而展開的最後一次重要的「攻擊」，也就是著名的「EPR（Einstein-Podolsky-Rosen）悖論」。第六屆索爾維會議之後，愛因斯坦承認了海森堡的測不準原理和量子力學理論在邏輯上的自洽性，但是仍然堅持認為量子力學是不完備的。1935 年 5 月愛因斯坦和美國物理學家波多爾斯基、羅森合作發表了題為《能認為量子力學對物理實在的描述是完備的嗎？》的論文，對量子力學完備性提出了有力的反駁，即「EPR 悖論」。愛因斯坦等人認為：量子力學的波函數只能描述多粒子組成的體系（系綜）的性質，而不能準確地描述單個體系（如粒子）的某些性質；但是一個完備的理論應當要能描述物理實在（包括單個體系）的每個要素的性質，所以不能認為量子力學理論描述是完備的。我們將在 6.1～6.3 節中非常認真地討論「EPR 悖論」，所以不在這裡作詳細的討論。

波耳對 EPR 悖論的應答：波耳認為，不可能以毫不含糊的方式來確定 EPR 所指的那些物理量，因為物理量本身就同測量條件和方法緊密聯繫著，確定物理量的這些條件使 EPR 所做的關於「實在」的定義在本質上含糊不清。波耳認為，任何量子力學測量結果的報導給我們的不是關於客體的狀態，而是關於這個客體浸沒在其中的整個實驗場合。這個整體性特點，就保證了量子力學描述的完備性。波耳的這些應答對我們一般的讀者來說顯然有點「含糊」和不明確，筆者也無意在這裡作更多的解釋。在第 6 章，我們將會看到，由於貝爾不等式的提出，「EPR 悖論」將可以面臨定量的檢驗。這種能夠量化的做法或現象是物理學家們非常樂於看到的。

　　EPR 悖論其實並不是什麼悖論，它僅僅表明了在「古典實在觀」看來，量子理論是不完備的。但是在波耳的那種「量子實在觀」中，量子理論是非常完備和邏輯自洽的。一直到愛因斯坦去世，波耳也沒有能夠說服愛因斯坦量子力學的解釋是正確和完備的，兩位科學巨人都為他們的信念奮鬥了一生。當代物理學家惠勒說：「我不知道哪裡還會再出現兩位更偉大的人物，在更高的合作水準上，針對一個更深刻的論題，進行一場為時更長的對話。」

> 愛因斯坦和波耳的爭論被稱為是「關於物理學靈魂的論戰」。對於量子力學，愛因斯坦和波耳這兩位科學巨人為他們的信念奮鬥了一生。

第 5 章　更多的量子力學基礎

5.1　波函數塌縮

　　寫這一節，筆者是猶豫的，生怕「擾亂」了各位的思考。但是，由於「波函數塌縮」是量子力學哥本哈根學派正統解釋的「必備」，所以這一節還是保留了下來。不過，這一節是完全可以跳過去的，只要你樂意。

　　有一個問題是，在量子力學中一旦找到一個粒子，那麼它的波函數就「塌縮」了。所謂「塌縮」指的是觀察結果的唯一化過程（即由於測量而明確得到某力學量特徵值中的一個）。塌縮就是縮小的意思，就是指一個原本有很多種可能的空間變成了一個只有更少可能的空間。也可以這樣說，由於對系統的測量使得粒子由原來的態塌縮到對應力學量的某個量子態上。現在的問題是：這個塌縮的速度是無窮大，還是有一個過程？是什麼引起了波函數塌縮？這些問題是既高深又有趣的。狄拉克認為，波函數塌縮是自然作出的選擇，而海森堡卻認為這是觀察者選擇的結果。波耳似乎更同意狄拉克的觀點。而愛因斯坦關心的是，波函數塌縮過程與相對論之間是不相容的。在1927 年這次極富歷史意義的第五屆索爾維會議上，愛因斯坦第一次對量子力

學公開發表意見。除了這些大物理學家之外，多數的物理學家認為，波函數塌縮的過程只是一種瞬間的選擇過程，不需要作進一步的描述和說明。

> 什麼引起了波函數的塌縮？這是一個高深而「有趣的」問題。這方面，有不少高深的理論。

1960 年代之後，大家逐漸相信，波函數塌縮的過程應該是動態的（是需要時間的），而且這個過程應當是可描述的。牛津大學的潘洛斯就一直相信，波函數塌縮是一種客觀的物理過程，塌縮不是瞬間的而是一個動態的過程。潘洛斯猜測，波函數的塌縮與引力有關。1986 年，他基於廣義相對論理論給出了一種有力的論證，說明引力介入了波函數的塌縮。潘洛斯相信，人們看待量子力學的方式可能不得不經歷一次革命。同樣是 1986 年，義大利的三位科學家也提出了一種動態的塌縮模型，稱為 GRW（Ghlrardi-Rimini-Weber）理論。還好，潘洛斯和 GRW 理論都提供了進行實驗檢驗的可能性（量子光學的範疇）。之後，還有其他的甚至更滿意的理論被提出，我們不再討論。

意識也能導致波函數的塌縮！這在 1929 年就由達爾文提出了（此達爾文是「進化論之父」達爾文的孫子）。此後，這一猜想又為一些著名的人物所研究，包括：馮・紐曼、倫敦、鮑厄以及韋格納等。在紐曼著名的《量子力學的數學基礎》一書中，清晰地提出了波函數的兩類演化過程：第一類過程是瞬間的、不連續的塌縮過程；第二類過程是波函數的連續演化過程，它遵循薛丁格方程式。同時，紐曼也討論了導致波函數塌縮的可能原因。最後他猜測，是意識最終完成了塌縮波函數的任務。因為紐曼認為，量子理論是普遍有效的，它不僅適用於微觀粒子，也適用於測量儀器。於是，微觀粒子的波函數由測量儀器來塌縮，測量儀器的波函數同樣需要「別人」來塌縮，而

這只有意識才能最終塌縮波函數而產生確定的結果（因為觀察者所意識到的測量結果總是確定的）。為什麼會在物理中遇到「意識」這樣可怕的東西，關鍵可能在於我們無法準確地定義一個「觀測者」，而罪魁禍首是波函數要塌縮。在艾弗雷特三世的「多世界理論」中，他認為量子力學正統解釋中的波函數塌縮是不必要的概念。多世界理論中，波函數不發生塌縮。該理論否定了一個單獨的古典世界的存在，而認為「實在」是一種包含有很多世界的實在，它的演化是嚴格決定論的。

> 韋格納論證說，意識可以作用於外部世界，使波函數塌縮。因為外部世界可以引起我們意識的改變，根據作用與反作用原理，意識也應當能夠反過來作用於外部世界。

　　如果波函數的塌縮速度是無窮大的（瞬間的），則量子力學中就還有一個無窮大存在。有句話說：「One infinity can explain everything」（一個無窮大可以解釋一切）。筆者也認為，任何一個理論，只要裡面還有無窮大的實在量，那麼這樣的理論就有可能還不完整。最後，波函數塌縮的概念儘管很有意思，卻是一個非常深奧的問題。筆者無法清楚地向你說明波函數是如何塌縮的，也不敢建議你對「波函數塌縮」的物理本質作深入的思考。對量子力學的初學者來說，不應該在此停留。筆者建議，「認可它」就可以了。

> 算了吧，意識是一個太複雜的問題。什麼是意識？似乎我們連這個名詞都還不能說清楚。

5.2　態疊加原理

　　態疊加原理是量子力學中一個非常重要的基本原理，它在量子力學的各

個方面都會被廣泛地使用到（如果你不是來讀小說的話，務必掌握它）。它與 4.3 節中的量子力學公設（2）一起，構成了量子力學理論和數學框架的一個重要方面。對於希望透過本書獲取量子力學計算能力和技巧的同學來說，態疊加原理和量子力學的公設（2）是必須理解和牢記於心的。

　　量子力學中態疊加原理可以表述為：對於一般的情況，如果 ψ_1 和 ψ_2 是體系的兩個可能狀態（即兩個本徵態），那麼，它們的線性疊加

$$\Psi = c_1\psi_1 + c_2\psi_2$$

也是這個體系的一個可能狀態。由於薛丁格方程式是線性的，這一點很容易透過薛丁格方程式得到驗證。

> 疊加性是量子力學中「令人困惑的」重要方面之一，薛丁格方程式本身迫使我們承認量子態必須處在疊加態中。

　　態疊加原理預示著，如果 ψ_1 和 ψ_2 描述了粒子的兩個可能狀態，那麼當粒子處在它們的線性疊加態 ψ 時，粒子是既處於態 ψ_1，又處在態 ψ_2 的。更進一步地講，如果本徵態 ψ_1 對應的特徵值為 A_1（該狀態下的測量值），本徵態 ψ_2 對應的特徵值為 A_2，那麼測量線性疊加態 ψ 得到的值既有可能是 A_1，也有可能是 A_2，相應的機率之比為 $|c_1|^2/|c_2|^2$，因為測量線性疊加態 ψ 得到 A_1 的機率為 $|c_1|^2$（假設波函數已經歸一化，這總是可以做到的），得到 A_2 的機率為 $|c_2|^2$。可見（很重要地），量子力學中這種態的疊加，會導致在疊加態下觀測結果的不確定性！態疊加原理就是與測量密切聯繫在一起的一個基本原理。

　　對於更加一般的情況，態 ψ 可能表示為許多態的線性疊加，即

$$\Psi = c_1\psi_1 + c_2\psi_2 + \cdots + c_n\psi_n + \cdots$$

注意，在量子力學中這些係數 $\{c_1 , c_2 , ... , c_n , ...\}$ 都是複數！為什麼會是複數，這可以追溯到薛丁格方程式中使用的複數因子。同樣地，當粒子處在線性疊加態 Ψ 時，粒子是既部分地處於態 ψ_1，又部分地處在態 ψ_2，……，又部分地處在態 ψ_n……只有對系統進行測量之後，才知道得到的值是 A_1，還是 A_2，……還是 A_n。

> 量子力學中態疊加的兩個基本觀點是相疊加的態可以擴展為 n 個甚至無窮多個，而且疊加是線性的（但是疊加係數是復常數）。

現在，讓我們把態疊加原理與 4.3 節講到的量子力學公設（2）聯合起來考慮。公設（2）表達的是：「每次測量一個力學量所得的結果，只可能是這個力學量所對應的算符的所有特徵值中的一個。」認真考察這個公設，實際上它意味著，體系的真正波函數 ψ 應該是體系所有的本徵態（ψ_1，ψ_2，$\cdots$，ψ_n，$\cdots$）的線性組合。為什麼呢？可以這樣來看：假設有一個本徵態 ψ_m 沒有被包含在上面的線性組合之中，那麼根據公設（2），對這個態進行測量時，測量值中將不可能出現 A_m（ψ_m 對應的特徵值）。而實際的體系中 A_m 值是應該出現的，因為它相應的 ψ_m 是體系的固有函數。顯然，不包含本徵態 ψ_m 的線性組合將違背公設（2）。可見，所有的本徵態都必須包含在線性組合之中，以便保證所有的特徵值在測量時都可能出現。

總之，體系的波函數 ψ 應該是體系所有量子態（ψ_1，ψ_2，$\cdots$，ψ_n，$\cdots$）的線性組合。有一個非常清晰的例子就是氫原子中的電子波函數（這是少數幾個可以完全有解析解的例子，請見 7.4 節）：

$$\psi(r,\theta,\varphi) = \sum_{n=1}^{\infty}\sum_{l=0}^{n-1}\sum_{m=-l}^{+l} a_{n,l,m} R_{n,l}(r) Y_{l,m}(\theta,\varphi)$$

這個波函數的表達式中含有這麼多的求和號就是為了把體系所有的量子

態都線性組合起來。值得指出的是，在這個例子裡，求和號對應於體系的特徵值是分立值的時候。如果特徵值是連續的，那麼求和可以進化為積分，本書的 6.1 節中就有一個使用積分號的例子，是愛因斯坦等人提出 EPR 悖論時用到的。

> 量子力學中態的疊加指的是波函數的疊加，這與古典物理中若干波的疊加是完全不同的。古典波的疊加是某種物理實在的疊加，而對於波函數的疊加，波函數本身並不直接對應著物理實在，而只有它的平方才對應著一種機率。這樣的話，我們就有下面這個重要的式子：

$$|\Psi|^2 = (c_1\psi_1 + c_2\psi_2)^2$$
$$= |c_1\psi_1|^2 + |c_2\psi_2|^2 + c_1^*c_2\psi_1^*\psi_2 + c_1c_2^*\psi_1\psi_2^*$$
$$= |c_1\psi_1|^2 + |c_2\psi_2|^2 + 干涉項$$

量子態的疊加性與古典波的疊加性在加減形式上相同，但實質完全不同。古典波的疊加是物理實質的疊加，量子態的疊加還只是波函數的疊加。

可以說，量子力學的複雜性就因為有上面式子中的干涉項。或者，我們也可以「高興」地說：量子現象的豐富多彩就包含在上面那些交叉項（也即干涉項）不為零裡面了！如果沒有這一干涉項，這個世界將變得非常「簡單」，不過，將會出現一個完全不同於我們現在世界的一個「簡單而又奇怪的」世界。理解態疊加原理以及很多量子力學現象的複雜性都是因為有了上式中的最後一項。

5.3 薛丁格的貓

1935 年，也就是愛因斯坦等人提出「EPR 悖論」的同一年，薛丁格提出了後來稱為「薛丁格的貓」的理想實驗（圖 5.1）。因為這實在是太著名了，我們在此簡單討論一下。歷史上，薛丁格本人一開始並不認同他自己提出的波函數被賦予機率解釋，所以他提出這個理想實驗，目的在於說明這裡將出現的「死活參半」的貓的狀態是不會有人相信的，希望以此駁倒波函數的機率解釋。但是歷史上，物理學界並沒有因為「薛丁格的貓」的責難而動搖對量子力學波函數機率解釋的信念。

圖 5.1 「薛丁格的貓」

「薛丁格的貓」的理想實驗大意如下：在一個密不透光的箱子裡關著一只倒霉的活貓，箱子裡有一根極細的繩子吊著一個錘子，錘子下方有一個玻璃瓶，瓶內密封著毒藥。細繩受到一個光子的打擊就會斷掉，然後錘子落下玻璃瓶必然會被打碎，毒藥溢出，貓必死無疑。現在假定，光子由某種機制射入箱子（或由箱子中的輻射源發出），光子打中細繩的機率是 1/2（完全隨機的）。現在來看看量子力學的正統解釋是如何描述這樣的一個系統的（我們會採用一種清晰簡潔的敘述方式）。

薛丁格的貓在大眾中很受關注。這隻貓就像加菲貓和湯姆貓那樣出名。

在光子發射之前，錘子不會落下，所以毒藥不會溢出，貓必定是活的，其狀態可以用 $\Psi_{活}$ 描述。當射進一個光子後，還沒有把箱子打開時，描述貓的狀態的波函數應該是怎麼樣的呢？由於光子打中細繩的機率是 1/2，這時候，貓有兩種可能的狀態，即貓是死的（用 $\Psi_{死}$ 描述，這時光子擊中繩子），或貓還活著（用 $\Psi_{活}$ 描述，這時光子沒有擊中繩子）。或者說，貓有兩個本徵態 $\Psi_{死}$ 和 $\Psi_{活}$。由此，根據 4.3 節的量子力學公設（2），在箱子打開之前，體系的波函數應該是：$\Psi = \frac{1}{\sqrt{2}}\Psi_{死} + \frac{1}{\sqrt{2}}\Psi_{活}$，即貓的狀態是既非死的也非活的，而是「死活參半」的狀態，這稱為「疊加態」。當箱子打開之後，貓的狀態則必定是確定的，要嘛是活的 $\Psi_{活}$，要嘛是死的 $\Psi_{死}$。可見，這裡有一個非常詭異的又死又活或非死非活的貓出現，這是非常難以直觀理解的（也是我們下面要認真討論的）。實際上，哥本哈根學派解釋告訴我們，上面描述的系統有三個定態，即：①光子發射之前貓處於定態 $\Psi_{活}$；②光子發射之後但還沒有打開箱子時，$\Psi = \frac{1}{\sqrt{2}}\Psi_{死} + \frac{1}{\sqrt{2}}\Psi_{活}$；③箱子被打開之後的定態 $\Psi_{活}$或者 $\Psi_{死}$。除了這三個定態之外，還有兩次躍遷：①在發射光子之後，貓的狀態從 $\Psi_{活}$ 躍遷到 $\Psi = \frac{1}{\sqrt{2}}\Psi_{死} + \frac{1}{\sqrt{2}}\Psi_{活}$ 的疊加態；②箱子被打開時，貓的狀態又發生一次躍遷，這時既可能從疊加態躍遷到 $\Psi_{活}$，也可能躍遷到 $\Psi_{死}$，兩個躍遷的機率都是 1/2（注意，這裡的定態躍遷是沒有時空過程可言的）。這就是量子力學正統解釋派對「薛丁格的貓」的解釋。值得指出的是，這裡有一個完全的隨機性 1/2，正是這個完全的隨機性才使得貓處在「活的」和「死的」的「疊加態」中。這個完全的隨機性在古典物理中是不存在的。

上面所述的貓處於「既死又活」的狀態是很「奇怪」的。但是，按照量子力學的哥本哈根學派的解釋，量子力學只回答觀測結果是什麼的問題。量子力學只從觀測的結果看機率問題。所以，量子力學不回答這個詭異的，又死又活的貓態的出現的問題，量子力學只回答觀測的結果（死或活的問題）。在海森堡創建量子力學的第一篇論文中已經對此有明確的表述。海森堡指出，原則上，只有可觀測量才可以進入物理學，不可觀測量在物理學中是沒有意義的。這在前面我們也討論過了。量子力學聽起來就是那麼「霸道」，凡是測量不出來的物理量它就可以不予「承認」。像電子在原子中的位置、運動軌跡、運動速度、加速度等這些在古典物理學當中耳熟能詳的概念，在量子力學中就一概被拋棄，因為它們都是不可觀測量。所以，「測量」二字在量子力學當中以及在理解量子力學的時候有非常特殊的重要性。量子力學的霸道有它的道理，既然不能測量出某個物理量，那麼這個物理量就可能不是必需的（而是多餘的）。綜上所述，波耳的定態躍遷假設，海森堡的可觀測量的思想以及玻恩的波函數的機率解釋，三者結合起來，使得現行的量子力學有了完整而堅實的物理基礎。

> 你看不到「既死又活、半死半活」的貓。因為你一旦去看了，則意味著測量，那麼貓就要嘛是死的，要嘛是活的。

現在來看「薛丁格的貓」的另一種說法。至此，一定會有人提出，在發射光子之後和打開箱子之前，貓處於「死活參半」的狀態（死活是同時存在的）實在是太難以理解了，也與我們的日常經驗嚴重地違背。著名科學家韋格納（1963年諾貝爾物理學獎獲得者，圖5.2）想了一個新的辦法，他說：我讓一個朋友戴著防毒面具也和貓一起待在那個箱子裡，我躲在門外。這樣對我來說，這隻貓是死是活我不知道，對我來說貓應該是既死又活著的。事後我問在箱子裡那個戴著

圖 5.2　韋格納

防毒面具的朋友，貓是死的還是活的？朋友肯定會回答，貓要嘛是死的要嘛是活的，不會說貓是半死不活的。由此可見，這個戴著防毒面具的朋友，他實際上對貓的狀態進行了觀察，所以死活的疊加態就不存在了。即使韋格納本人在門外，箱子裡的波函數還是因為他朋友的觀測而被觸動從而塌縮了，這樣也就只有活貓或死貓這兩個純態的可能（也就排除了「死活參半」的狀態）。韋格納據此認為，人的意識可以作用於外部世界，所以意識可以使體系的波函數塌縮（塌縮到某個純態上）就不足為奇了。但是，什麼是意識？意識如何作用於外部世界？這些問題都還不太清楚。

> 請看看 5.1 節。韋格納論證了意識可以作用於外部世界，使波函數塌縮。

意識與量子力學的關係似乎到現在還纏結不清。之所以碰到了「意識」這樣可怕的概念（在物理科學中，這樣的概念是非常可怕的，因為它不好進行定量的數學描述），關鍵可能在於我們無法準確地定義什麼是觀測者。一個

人和一個探測器之間有什麼區別，大家沒有明確地搞清楚，這樣自然而然就會被「意識」這樣的概念乘虛而入。除了意識帶來的困境之外，對量子理論作出全新解釋的還有所謂的「多世界解釋」等。雖然這些都是嚴肅的以及邏輯上合理的對量子力學本質意義上的重新思考，但是，在「1 小時科普量子力學」的情況下，我們不建議讀者去深入思考這些非正統的量子力學的解釋（在前面的敘述中，我們多次指出，量子力學的正統解釋是哥本哈根學派）。如果真的對「多世界解釋」和「意識」這樣「高深和可能有趣的」問題感興趣，有非常專門的文獻可供參考。

實際上，如果使用我們宏觀意義上的真正的貓來做實驗，那根本就不會有「既死又活」的疊加態。因為像真正的貓這樣的物體，它的德布羅意波長是極短極短的。也就是說，貓根本就不會有波粒二象性，它可以被看成是一個完全的古典粒子，所以不會有量子效應。實驗上的「貓態」並不是宏觀意義上的貓的量子態，而是有明顯波動性的微觀粒子（複合粒子）的狀態。我們經常說到的「當我們沒有看月亮時，月亮是不是就不在那裡？」我們可以使用一樣的道理來說明：月亮是一個宏觀物體，它基本上就沒有波動性，所以不會有量子效應。你看不看月亮，它都在那裡。就像一個對於人類來說尚未被發現的星系，它是真實存在的，與你什麼時候發現它沒有關係。

> 宏觀的貓的德布羅意波長是非常短的，所以可以看成是古典粒子，不會出現量子效應。只有微觀世界的「貓」才會有這些「有趣的」討論。

總而言之，與我們將要看到的「EPR 悖論」（一個極為重要的悖論）不同，薛丁格的貓的悖論還沒有解決到使大家都滿意的程度。

5.4　包立不相容原理

　　1925 年，包立提出「包立原理」，即所謂的包立不相容原理。這個原理原來指的是在原子中不能容納運動狀態完全相同的兩個或更多個電子。事實上，包立不相容原理不僅對原子中的電子有效，它對所有的費米子（其自旋為半整數的粒子）都是有效的。也就是說，包立不相容原理可以表述為：全同費米子體系中不可能有兩個或兩個以上的粒子同時處於相同的單粒子態。包立不相容原理是我們認識許多自然現象的基礎，例如，埃倫費斯特於 1931 年就指出，由於包立不相容原理，在原子內部的被束縛電子不會全部掉入最低能量的原子軌道上，它們必須按照順序占滿能量越來越高的原子軌道。因此，原子會擁有一定的體積，物質也會有那麼大塊。

　　包立是在漢堡宣布他發現了不相容原理的。如今，包立不相容原理被公認為是原子物理學的基石之一。1925 年包立發現這個原理時，他才 25 歲。年紀輕輕就作出了如此重大的發現，包立自己卻開玩笑地說他的發現是一個「騙局」。當然不相容原理不是一個騙局，它具有很深遠的意義，它解釋了元素週期表的週期規律。事實上，包立原本就是為了說明化學元素週期律而提出包立不相容原理的。人們知道原子中電子的狀態由主量子數 n、角量子數 l、磁量子數 m_1，以及自旋磁量子數 m_s 所描述，因此包立不相容原理早期的表述是：原子內不可能有兩個或兩個以上的電子具有完全相同的 4 個量子數（n、l、m_1 和 m_s）。後來，人們發現包立不相容原理也適用於其他的費米子，如質子、中子等。但是玻色子不服從包立不相容原理（玻色子即自旋為整數的粒子），示意圖請見圖 5.3。

包立發現不相容原理時才 25 歲。雖然最初不相容原理是指原子中的電子滿足的原理，其實它對所有的費米子都是有效的。

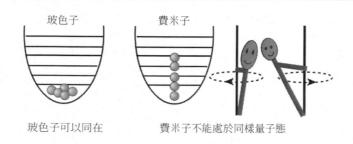

玻色子　　　　　費米子

玻色子可以同在　　　費米子不能處於同樣量子態

圖 5.3　包立不相容原理示意圖

1940 年，包立由理論推導出粒子的自旋與統計性質之間的關係，從而證實了不相容原理是相對論性量子力學的必然結果。1967 年，戴森與萊納德給出了嚴格證明，他們計算了吸引力（電子與核子）與排斥力（電子與電子、核子與核子）之間的平衡，推導出了重要結果：假若不相容原理不成立，則普通物質就會塌縮，變為只占有非常微小體積的東西。

包立是因為不相容原理以及微中子假設的提出而獲得 1945 年諾貝爾物理學獎的。因此，我們在這裡簡單敘述一下微中子的故事。1925 年，英國物理學家埃利斯和伍斯特精確地測量了 β 衰變實驗中輻射的能量，證明了 β 輻射譜是連續的，而且還證明並沒有出現使能量損失的任何機制。所謂的 β 衰變，是指一個原子核釋放一個 β 粒子（電子或者正電子）的過程。該衰變分為 β$^+$ 衰變（釋放正電子）和 β$^-$ 衰變（釋放電子）。這裡面當然還有微中子參與，正是我們要討論的。隨著 β 衰變，新核在元素週期表中的位置會向後移一位。實驗表明，α 射線和 γ 射線的能譜都是分立的，而只有 β 輻射譜是連續的，這成了一個謎。最初，波耳甚至認為 β 衰變中對於每個電子的發射過

程能量並不守恆，β 衰變的能量守恆只有「統計的意義」。包立堅決不同意這個看法。在 1929 年的一次會議上，包立就公開反對波耳的主張。1930 年，包立明確提出：「在 β 衰變過程中，伴隨著每一個電子有一個輕的中性粒子一起被發射出來」。包立認為，考慮這個中性粒子的能量就可以保證每個單一過程中體系的能量守恆。這個中性粒子被包立稱為「中子」，其實就是「微中子」。後來，在世界放射協會的大會上，包立以公開信的形式（因為沒有參加）更加明確地說明了微中子的性質：電中性、自旋為 1/2、遵從不相容原理、傳播速度小於光速、質量非常非常小。包立寫這封公開信的時候，正是他與妻子離婚後的一個星期，他用對微中子的思考來解脫他的痛苦。微中子的實驗驗證則姍姍來遲，從預言到實驗發現經過了二十多年。1953 年的下半年，當中微子終於被實驗驗證的消息傳來時，包立說道：「一切好事總是找尋那些善於耐心等待的人」、「好事終會降臨給那些知道如何耐心等待的人」。

> 包立還預言了微中子的存在。他得諾貝爾獎的理由包括了不相容原理和預言了微中子的存在。

　　包立在量子力學的發展中造成了舉足輕重的作用，而且他的個性極其鮮明。所以，我們在這裡稍稍多費些筆墨來敘述一下包立的生平。

　　包立（圖 5.4），1900 年 4 月 25 日出生於維也納，但是他的祖籍實際上是布拉格，因為包立的祖先是布拉格著名的猶太大家族。他的祖父和父親都出生在布拉格，祖父是一位很有名的猶太文學作家。由於當時社會上出現了一陣陣的反猶太思潮，包立一家決定舉家遷往維也納，並將猶太大姓帕斯卡爾斯（Pascheles）改為包立。據說，一直到包立 16 歲的時候他才確認自己是一名猶太人的後裔，而且本不姓包立。包立是迎著 20 世紀的到來而來到這個世界的。包立出生的這一年年底，普朗克提出了劃時代的量子概念。

　　包立的父親沃爾夫是一位醫學化學家，他與著名的哲學家馬赫家族的兩代人都很熟悉，因此馬赫成了小包立的教父。馬赫的思想曾經影響了 20 世紀的一些著名科學家，例如，愛因斯坦就承認，馬赫對於空間和時間的探索性思考曾經刺激了他在相對論方面的研究工作（雖然愛因斯坦最終對馬赫的實證主義的觀點持批評態度）。對於像包立這樣聰明絕頂的孩子，馬赫給了他很多的激勵，並幫助發展了他的智力。包立的母親是基督徒和猶太人的後裔，維也納歌劇院的著名歌唱家，有著深厚的學養。包立從小受到了良好的家庭教育，他和妹妹就成長在科學、文學和藝術兼備的家庭氛圍中。

> 包立是一個神童，著名的哲學家馬赫是小包立的教父。

　　包立早熟，應該說是一個神童。他從童年時代起就受到科學的熏陶，從中學起就自修物理學。他喜歡閱讀科學和哲學書籍。中學時，因為課內學業對他來說太過於輕鬆，包立就把愛因斯坦的相對論放在桌底下偷偷閱讀。中學畢業前，他就完成了一篇廣義相對論方面的論文，而且品質非常好。18 歲那年，包立中學畢業，經過再三考慮，包立決定離開故鄉去慕尼黑投奔索末菲。他帶著父親的推薦信來到慕尼黑大學拜訪著名的物理學家索末菲（包立的父親和索末菲是好友）。索末菲是一流的物理學家，他培養出了好幾位世界級的科學家。包立要求不上大學而直接當索末菲的研究生，索末菲對這位少年奇才早有耳聞，所以當時並沒有拒絕。不久，索末菲便認識到包立的突出天賦，於是包立就成為慕尼黑大學最年輕的研究生（多麼有彈性的制度！）。

　　包立來到慕尼黑的第二年，就接連發表了兩三篇論文。讀博期間，包立替索末菲為德國《數學科學百科全書》撰寫了相對論部分。後來，包立以此為基礎完成了一部長達 237 頁的廣義相對論書稿，並於 1921 年問世。此書得到了愛因斯坦的高度評價：「這部書稿竟然出自一個年僅 21 歲的青年之

手。」這本書的出版至今已近百年，期間曾多次再版。包立的博士論文討論的是氫分子系統的結合能，他為此做了一系列複雜的計算。他的博士論文不僅有嚴密的物理邏輯，高水準的數學推導還有對結果的精密分析。包立憑此論文可以順利地拿到博士學位。不過，因為德國的學校有規定，他不得不「坐等」六個學期，才能拿到博士學位。

> 包立是一個天才，在他 21 歲時就寫了一部 237 頁厚的《廣義相對論》。而且愛因斯坦對這部書讚賞有加，所給予的評價令許多人感到驚訝。

完成博士學位期間的學習後，1921 年 10 月，包立離開慕尼黑來到哥廷根，擔任玻恩的研究助理。包立的到來讓玻恩非常興奮。玻恩曾經試探著向索末菲要過包立，但是索末菲不放，原因是包立必須在慕尼黑完成博士學位。當了玻恩 6 個月的助手之後，包立決定接受波耳的邀請前往哥本哈根。1922 年秋，包立來到哥本哈根。後來的事實證明，這一年的哥本哈根之行，為包立的事業開闢了新的天地。包立除了協助波耳之外，也開始了自己的研究，特別值得一提的是，他試圖去解釋「反常塞曼效應」，而使自己陷入了泥淖。1923 年，包立結束了一年的哥本哈根訪問，被漢堡大學晉升為「無薪大學講師」（這並非沒有收入，只是薪金來自學生的學費）。此時，他才 23 歲。這一時期，包立還在努力尋找「反常塞曼效應」的謎底。1925 年，包立提出著名的不相容原理（更多細節可參考前面的段落，不再給予細述）。

1937 ～ 1938 年，第二次世界大戰蔓延。1938 年 11 月 9、10 日兩天，德國納粹開始對德國境內的猶太居民實施種族大清洗，這就是著名的「黑衫行動」。德國的物理雜誌甚至也被納粹控制，只收錄純雅利安人作者的文章。所以，包立回德國是不可能了。此時，包立正在瑞士的蘇黎世，此處緊鄰德

國，也開始了一陣陣的反猶宣傳。包立和太太申請加入瑞士國籍的申請遭到拒絕，這更加使包立意識到危險正在逐步地逼近。當時，包立正好接到美國普林斯頓高級研究所的邀請，所以他決定離開蘇黎世前往美國。由於戰爭的緣故，包立夫婦前往美國的旅途也是一波三折（在此不予細述）。在美國，包立則受到廣泛的歡迎，很多著名的大學邀請他去講學，他也舉辦了多場講座。但是，因為包立只是訪問教授的身份，所以沒有固定的職位和收入。1940 年之後，包立只能依靠洛克斐勒基金會的補助生活，每年只有 5,000 美元。儘管包立在美國取得了不少研究成果，但是研究經費的問題一直困擾著他。1943 年，洛克斐勒基金會的補助更是減少到了每年 3,000 美元。到了1945 年，普林斯頓高級研究所想給他一個待遇豐厚的全職教授職位，卻附加了一個約定，即包立必須成為美國公民才能獲得這個職位。對此，包立說道：「難道國籍也像女人一樣，一個人不能擁有兩個嗎？多一個、少一個又有什麼影響呢？是不是我不能有這個奢望呢？我真的是不懂了。」（包立作為對量子力學有非常重要貢獻的人物，人們好像不該在錢的問題上這樣對待包立。）很快，到了 1945 年的 11 月，一個振奮人心的消息從斯德哥爾摩傳來，包立獲得 1945 年度的諾貝爾物理學獎。年底，在包立獲獎的慶祝會上，高級研究所的主任宣布，包立被指定為該研究所的新成員，而且希望用不了幾個星期的時間，包立和夫人就可以成為美國公民。

> 包立在獲得諾貝爾獎的前一年人在美國，由於不是美國公民，在獲得正式職位上遇到了麻煩，導致他的經濟拮据（這是不應該的）。

包立在學問上無疑是博學而嚴謹的，只是生活上語言尖銳、「為人刻薄」，但是這並不影響他在同時代物理學家心中的地位。20 世紀初葉是一個

人才輩出、群雄並起的年代,是物理學史
上最輝煌的年代。即便如此,包立仍然可
以被視為這一時代空中最耀眼的巨星之一。

　　由於包立的個性極其鮮明,所以留下
了很多有趣的「故事」,有些是值得思考的
軼事。應該說,包立為人非常坦率,常把
禮節和禮貌拋到一邊,為此他往往被人視
為咄咄逼人。在這裡,我們試圖給出一些
關於包立的故事。

1. 在學術界,包立以尖銳的目光、嚴苛
　　的批評、奇特的視角,以及準確的
　　判斷而著稱。所以,埃倫費斯特給

圖 5.4　索末菲(左)和包立
(右)在一起

他起了一個綽號叫「上帝的鞭子」,意為包立差不多對所有人都提出過
批評。雖然包立常常批評別人的研究「連錯誤都談不上」(not even
wrong),但是他仍然得到了普遍的尊敬,波耳就稱他「有顆公正的
物理良心」。包立確實對幾乎所有人都有過批評,但是這當中也有一個
人是例外的,那就是索末菲(圖 5.4)。包立在索末菲面前總是畢恭畢
敬,斯文謹慎。可以說,包立一輩子唯獨沒有批評過的人就是他的恩
師索末菲。

> 包立發現了不相容原理。生活中的包立,也是與他人「不相容
> 的」。不過,我們可理解為包立的個性太鮮明了。

2. 海森堡提出矩陣力學的初期，玻恩曾經有意與包立合作來研究這個矩陣問題。但是包立對此持強烈的懷疑態度，他竟然以他特有的尖刻語氣對玻恩說：「我就知道你喜歡那種冗長和複雜的形式主義，但你那一文不值的數學只會損害海森堡的物理思想。」玻恩是包立的導師，而包立的性格就是這樣的，玻恩非常了解他。有趣的是，包立在證明新理論的結果與氫原子的光譜符合得很好時，竟然就動用了極其「冗長和複雜」的數學。

3. 包立發現了著名的「不相容原理」。有人說，生活中的包立也是與他人「不相容的」。坊間甚至還流傳著一個所謂的「包立效應」（這可不是什麼正規的物理效應），那就是：「只要包立一進實驗室，實驗室的儀器設備一定非出毛病不可。」有兩則關於「包立效應」的笑話不妨在這裡簡單敘述一下。第一則笑話是，因為有包立效應，大名鼎鼎的實驗物理學家施特恩一看到包立要來，就會關上實驗室的大門。即便有問題要討論，他們也是隔著實驗室的門進行。另一則笑話是，歐洲某著名的實驗物理學家正在做實驗，突然實驗數據毫無理由地出現異常（如劇烈抖動）對此查不出任何原因。後來才發現，原來是那天包立坐火車從鎮上經過。

4. 從學生時代起就成為包立好友的海森堡說，他和包立一起散步時所學到的物理知識，比從索末菲講座中學到的還要多。海森堡雖然取得了無與倫比的成就，但是他聲稱，論文不先拿給包立看過他從來不會拿去發表。一些不論是年輕還是資深的物理學家，也往往這樣做。這是因為包立總是能夠敏銳地指出論文中的錯誤思想。在包立的學生中也流傳著這樣一種說法，那就是他們可以問任何問題，而不必擔心問題

太愚蠢，因為任何問題對包立來說都是愚蠢的。當然，包立畢竟是人而不是神。包立也有數次對本有相當可取之處的想法提出了批評，在一定程度上阻礙了相關研究的進展。例如，他拒絕接受克勒尼希提出的電子自旋的概念，導致克勒尼希痛失自旋的優先發現權甚至丟掉了諾貝爾獎，這無疑是件遺憾的事。

最後，從網路上摘抄幾句（這不是筆者的杜撰），用來說明包立是如何「為人刻薄」的：

從不批評＝極為敬重

偶爾批評＝比較敬重

偶爾表揚＝有點敬重

狠狠批評＝正常朋友

5.5　量子穿隧效應

量子穿隧效應是量子力學中的一個「特殊」效應，它在古典力學中並沒有相應的對應效應。考慮如圖 5.5 所示的一個方形勢壘，按照古典力學的觀點，如果粒子的能量小於勢壘的高度（指所對應的能量），那麼粒子將不能進入勢壘，將全部被反彈回去。反之，如果粒子的能量高於勢壘，則粒子將完全穿過勢壘。古典力學的這個結論來自古典的物質觀：即粒子就是粒子，不具波動性。但是，從量子力學的觀點來看，粒子是有波動性的，所以有可能會有部分波（機率波）可以穿過勢壘，有部分波則被反射回去。根據波函數的機率解釋，我們就會得到結論：粒子會有一部分機率穿過勢壘，也有一定機率被反射回去。這種粒子能夠穿過比它動能更高的勢壘的現象，就稱為量

子穿隧效應（簡稱穿隧效應或穿隧效應）。

> 即使勢壘的高度大於粒子的能量，微觀粒子也能夠以一定的機率
> 穿越勢壘，發生「量子穿隧效應」。在古典力學裡，這是不可能
> 發生的。

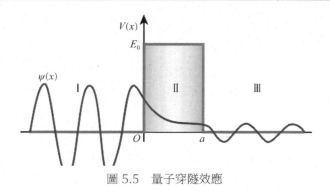

圖 5.5　量子穿隧效應

　　現在，量子穿隧效應已經是理解許多自然現象的基礎。穿隧效應相比其他一些量子效應來說是比較容易理解的。從測不準原理我們已知，時間和能量是一對共軛量。所以在很短的時間中（即時間很確定），能量可以很不確定，這就存在粒子能量大於勢壘高度的情況，從而使一個粒子看起來像是從「隧道」中穿過了勢壘。

　　1957 年，江崎玲於奈在改良高頻晶體管的時候發現，增加 pn 結兩端的電壓時電流反而減小（與歐姆定律的預言相反）。江崎把這種反常的負阻現象解釋為穿隧效應。江崎由此發明了穿隧二極管（即江崎二極管），可以用作低噪聲的放大器、振盪器或高速開關器件，頻率可達毫米波段。江崎因此於 1973 年獲得了諾貝爾物理學獎。

　　在兩層金屬之間夾一層很薄的絕緣層，就可以構成一個電子的隧道結。

電子穿過絕緣層，便是穿隧效應。穿隧效應有很多應用，而且大多是很重要的應用。獲得 1986 年諾貝爾物理學獎的掃描穿隧顯微鏡（STM）就是基於穿隧效應的，STM 現在已經是電子和原子結構分析必不可少的工具。

> 穿隧效應不僅解釋了很多物理現象，也確實有許多重要的應用：包括穿隧二極管和掃描穿隧顯微鏡等。

穿隧效應是粒子的波動性引起的，只有在非常特定的情況下，這種效應才會顯著。量子力學的推導表明，粒子的透射係數與勢壘的寬度、勢壘的高度、粒子能量與勢壘高度的差，以及粒子的質量都有非常敏感的依賴關係。所以在宏觀實驗中，很不容易觀測到粒子穿隧勢壘的現象。讓我們來看以下幾種特徵情況下的透射率：設電子的動能為 1 eV，勢壘高度為 2 eV，勢壘寬度為 2 埃，那麼透射係數約為 0.51；如果我們把勢壘寬度增加到 5 埃，則透射係數會減到約 0.024（可以看到透射的可能性迅速減小）；如果我們把電子換成質子，由於質子的質量大約是電子質量的 1840 倍，如果勢壘寬度仍為 2 埃，這時質子的透射係數約為 2.6×10^{-38}。可見，質子的穿隧機率差不多是零。筆者曾經聽到來自學生的一種說法，認為一個人只要堅持不懈地撞牆，總歸會有一次可從牆中穿隧過去。這是一種沒有數量級概念的說法。對於人和牆這樣的宏觀物體來說，量子穿隧的機率從數量級上說就是零。如果你堅持認為，極小的機率也是一種機率的話，那麼我們可以這樣來看：從宇宙誕生之時起人就開始不斷地撞牆，一直撞到現在宇宙的年齡已經是 140 億年了，那麼還是極不可能穿隧的（機率仍然是極小的）。人的德布羅意波長與牆的厚度比起來，實在是太太太微不足道了，所以每一次撞牆，一個人能夠穿隧過牆的機率都是無窮小的。

> 粒子穿過勢壘的機率可以從薛丁格方程式解出來。根據量子力
> 學，電子波函數將瀰漫於整個空間，所以電子有一定的機率出現
> 在勢壘之外的位置，這就是穿隧效應。

5.6　1 小時可以大致科普量子力學嗎？

假設從翻開這本書並以讀小說的速度讀到這裡，差不多半小時過去了。現在來看看我們能否大致實現「1 小時科普量子力學」的目標？

為了簡潔起見，假如非得用三句話來概括普通量子力學最主要的內容，那大致會是（如果有不同意見，歡迎指教）：

1. 描述一個系統的基本量是波函數 ψ；

2. 波函數 ψ 滿足薛丁格方程式（或狄拉克方程式）：；

3. 任一力學量對應一個算符，它的平均值是 $i\hbar\dfrac{\partial \psi}{\partial t} = \hat{H}\psi$ 。

如果我們能在 30 分鐘內大致科普清楚這三句話，那麼筆者就可以說：我們已大致科普了量子力學最主要的內容了。當然，這三句話可以延伸出來的問題是非常多的，內容也是非常深刻的。所以，希望各位可以在 1 小時之外，繼續認真閱讀本書的其他部分。

> 1 小時很可能對閱讀本書會顯得不夠，但是希望「1 小時科普量
> 子力學」的說法能夠給你信心，也希望你能抓住量子力學中最精
> 華的部分。

關於第一句話，即「波函數是體系的基本量」。實際上，在 4.4 節的「薛丁格方程式」，4.5 節的「波函數的機率解釋」以及書中的多處地方，我們都

討論到了波函數的根本重要性（希望讀者去複習一下這些內容）。在這裡，我們再來說明一下什麼是「基本量」？所謂波函數是基本量，即意味著對於一個量子系統來說，一旦其波函數確定了，那麼體系的所有性質就都確定了，或者說所有的物理量都可以從這個基本量導出（假設數學足夠好）。至於為什麼波函數是體系的基本量，則是由薛丁格方程式的提出和玻恩對波函數的機率解釋決定的。

關於第二句話，可以使用非常簡潔的一個句子來說明：它就是量子力學的第四個基本假設（參見 4.3 節）。沒有人可以嚴格推導出薛丁格方程式，雖然薛丁格提出該方程式時類比了古典的哈密頓─雅可比理論，但是薛丁格方程式顯然不是從古典理論推導出來的。波函數 ψ 滿足薛丁格方程式就是薛丁格提出的波動力學的中心點，是個基本假設。

在第三句話中，第一個問題是為什麼一個力學量要用一個算符來對應？這個問題的簡單回答是：這就是量子力學的第一個基本假設。顯然使用算符是量子力學數學框架的一個重要特點，它與量子力學中兩個非常重要的概念「測量」和「特徵值問題」關係密切。第三句話中的第二個問題是力學量的平均值為什麼要寫成這樣的形式？其實這個形式就是量子力學的第三個基本假設。由於量子力學中測量結果在真正意義上的隨機性，也導致了力學量只有平均值的結果，這也最終決定了平均值求解的上述形式。數學上講，只要先求出描述體系的波函數 ψ，再進行上式的積分就可以了。所以，運用量子力學的數學框架並不是複雜的東西。

實際上，筆者在這一節裡主要是科普量子力學的數學框架。量子力學的內容要比剛剛給出的內容多得多，所以說，閱讀本書的時間從 1 小時至 1 個月都是合適的。

　　量子力學大致可以分為兩個方面：一方面是一整套怎樣進行計算的數學方法（即數學框架）；另一方面是如何把計算結果跟經驗事實對應起來，並理解其中的物理。即便你不能理解量子力學，相信掌握這個數學框架應該是容易的。實際工作中，使用量子力學解決問題的難點主要在於：① 體系的哈密頓量如何寫出。例如，解釋傳統超導的 BCS（Bardeen-Cooper-Schrieffer）哈密頓量可以說是一個得了諾貝爾獎的哈密頓量，它蘊含著豐富的物理內容。② 薛丁格方程式如何求解？或者說，哈密頓量如何對角化，這經常是非常困難的。③ 求力學量平均值會遇到複雜的積分。④ 計算結果與實驗事實的對應。

> 「1 小時科普量子力學」當然是非常初步的（但是數學框架是容易掌握的），期望在本書的基礎上你可以做進一步的學習。

第 6 章　非定域性和量子纏結

　　所謂物理規律的定域性，指的是不能超越時空來瞬間地作用和傳播，也就是說，不能有超距作用的因果關係。在某段時間裡，所有的因果關係都必須維持在一個特定的區域內。任何訊息都不能以超過光速這個上限來傳送（這是相對論的要求）。但是，在本章我們將會看到量子力學是非定域的理論，這一點已經被「違背貝爾不等式」的許多實驗結果所證實。量子纏結指的就是兩個或多個量子系統之間的非定域非古典的關聯。量子隱形傳態不僅在物理學領域具有重要意義，在量子通訊領域也起著關鍵作用。

6.1　EPR 悖論

　　EPR 悖論（Einstein-Podolsky-Rosen paradox）是愛因斯坦和他在普林斯頓高等研究院的同事波多爾斯基和羅森一起為論證量子力學的不完備性而提出的，現在通常稱為 EPR 悖論。由於這個悖論有著非常重要的物理意義，我們在此作較認真的討論。遇到數學上的困難，跳過就可以了。1935年，愛因斯坦（Einstein）、波多爾斯基（Podolsky）和羅森（Rosen）（在現在的文獻中均被簡稱為 EPR）發表了一篇題為《能認為量子力學對物理實

在的描述是完備的嗎？》的論文。這是一篇具有特殊意義的重要論文，在量子力學的發展史上有重要地位。筆者認為，它是寫量子力學書籍時無法跳過的內容，在此我們將盡量通俗的介紹。對這篇文章以及由此導出的許多發展的理解將很大地影響我們對量子力學的一個非常重要的方面，即非定域性的理解。這一悖論涉及如何理解「微觀物理存在」的問題，在物理學界和哲學界都引起了一些爭論。但是，筆者認為，這方面的爭論已經不那麼重要了。相反，EPR 悖論中的「幽靈」卻越來越可愛了，它開始深刻地影響著我們生活的宏觀世界，讓我們越來越感到量子理論的巨大潛力和實用性。我們將會看到，有一些將會深刻影響人類社會的領域，例如量子通訊、量子運算和量子密碼等，就源於 EPR 悖論中所引申出來的「量子纏結」（圖 6.1）這個概念。量子纏結及其應用將有不可限量的前途和「錢途」。

> 這是愛因斯坦對量子力學正統解釋派發起的最後一次「攻擊」。
> 愛因斯坦和他的同事們質疑了量子力學的完備性。

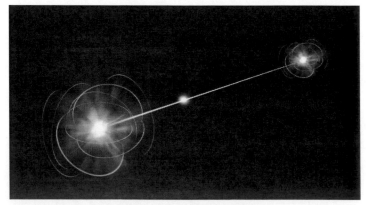

圖 6.1　量子纏結示意圖

> 1935 年愛因斯坦等人（EPR）的這篇重要論文，不經意間打開了
> 通往神祕的量子纏結世界的大門。

　　對 EPR 論述的理解需要比較深奧的物理知識，所以，如果理解本節有困難，請跳到下一節中去閱讀玻姆（David Bohm）對「量子纏結」的論述，那是相當容易理解的。EPR 論述的過程大致是這樣：有一個一維的系統由粒子 1 和粒子 2 組成。對於單個粒子而言，座標 x_1（或 x_2）和其動量 p_1（或 p_2）之間是不對易的。但是可以證明，兩個粒子的座標之差 x_1-x_2 與兩粒子的動量之和 p_1+p_2 之間卻是對易的。既然是對易的，那麼總可以找到這兩個算符的共同固有函數（這是算符對易所帶來的「好處」）。假設波函數 Ψ（下面會給出具體的明確形式）是算符 x_1-x_2 的特徵值為 x_0（相對距離）的固有函數，同時也是算符 p_1+p_2 的特徵值為零的固有函數。現在，假設我們對粒子 1 的座標進行測量，得到的結果為它的某一特徵值 x。因為粒子 2 與粒子 1 共處在 Ψ 態中，而且我們已知 x_1-x_2 的特徵值取確定值 x_0，所以我們便知道，在剛剛完成對粒子 1 的上述測量時，粒子 2 的座標 x_2 必定取確定的值 x-x_0。由此可見，雖然在測量之前，x_1 和 x_2 都沒有確定的取值，如今透過對 x_1 的測量，我們就能確定地（機率為 1）預言 x_2 的取值為 x-x_0。現在，關鍵的一點是，這裡 x_0 的值可以是很大的（我們沒有對它進行過任何限制），它甚至可以大到天文數字。按照狹義相對論的理論，信號的傳輸速度不能大於光速。所以 EPR 推測，只要距離 x_0 足夠大，我們就可以認為對粒子 1 的測量不會對粒子 2 的行為產生任何干擾（注意：EPR 的這一點推測是不正確的。預先告知各位這一點或許對繼續閱讀下面的內容有所幫助）。

　　現在來看動量。因為 Ψ 也是動量之和 p_1+p_2 的特徵值為零的固有函數，所以我們也可以透過測量粒子 1 的動量（假設測量值為 p），確定地預言出粒

子 2 的動量的取值應該為 -p。基於一樣的道理，EPR 也可以推測，測量粒子 1 的動量不會影響到粒子 2。

上面的討論完全可以反過來進行，即可以透過測量粒子 2 的位置或動量確定地預言出粒子 1 的位置或動量。綜上所述，如果 EPR 的推測是正確的話（但是這次愛因斯坦他們似乎真的錯了），那麼粒子的位置和動量就可以同時具有確定值。而這是與量子力學的原則相矛盾的，即違背了海森堡的測不準原理。上面由 EPR 所給出的這個「矛盾」的局面就稱為「EPR 悖論」。之所以稱為「悖論」，是因為這個所謂的「矛盾」在實際中其實並非矛盾。

按照愛因斯坦的意思，上述這些分析迫使我們不得不放棄以下兩個論斷中的一個：① 波函數 Ψ 所作的對物理體系的描述是完備的；② 空間上分割開的客體的實在狀態是彼此獨立的。愛因斯坦他們堅信第二個論斷是正確的，即分割開的兩個子系統具有獨立的物理實在性（這稱為「定域實在論」），所以他們認為不得不放棄第一個論斷。也就是說，得到了量子力學的描述是不完備的結論，並且他們認為，完備的量子力學理論還有待於將來被發現。

> EPR 所給出的所謂「矛盾」的局面（「EPR 悖論」）在實際中其實並非矛盾，這正是「悖論」二字的來歷。

從目前的很多實驗來看，事情恰恰與愛因斯坦他們的論斷相反。即波函數 Ψ 所作的對物理體系的描述是完備的，而且即便在空間上相隔非常遙遠的客體是可以彼此關聯的，這就是所謂的量子力學的「非定域性」。EPR 等人的推論是基於一個看似非常合理的假設：定域性假設（就是說，一個地方發生的現象不可能即刻影響到另一個地方的現象）。但是，目前的實驗卻證明

了，一個地方發生的現象可以即刻「影響」（關聯）到遙遠的另一個粒子（即非定域性）。也就是說，哪怕粒子 1 與粒子 2 相距非常遠，對粒子 1 的測量也可能即刻影響到粒子 2 身上，這就是所謂的「量子纏結」的概念，是量子力學非定域性的體現。

EPR 的論文很快就得到了巨大的迴響。在反對聲中，波耳的反駁具有最大的影響力。波耳明確指出了在愛因斯坦的論證中，認為「對粒子 1 的測量不會干擾到粒子 2」的看法是站不住腳的。目前，從很多實驗的證據來看，愛因斯坦確實是不對的，而波耳的反駁是正確的。波耳認為，粒子 1 和粒子 2 雖然在空間上分隔開來（而且可能相隔很遠），那麼它們既然共同處於一個系統中，就必須當作一個整體來考慮，不可以看成是互相獨立的兩個部分。這就是兩個粒子之間的「纏結」（兩個粒子能不能纏結起來是由體系波函數的形式決定的，EPR 寫出的波函數形式確實是兩個粒子的纏結態，見下面的討論）。在波耳看來，在兩個粒子被觀測之前，存在的只是由波函數描述的相互關聯的整體粒子。既然是協調的、相互關聯的整體，那就用不著什麼訊息的傳遞，更不會有超光速的訊息傳遞。所以，波耳看到的是微觀世界的「實在」，而愛因斯坦論述的卻是古典世界的「實在」。應該說，在愛因斯坦與波耳爭論的時代，量子力學非定域性的實驗證明還沒有出現，所以他們之間的爭論很大程度上可以說是純觀念上的爭論，儘管這種爭論後來證明波耳是正確的。但是，波耳的回答並沒有使愛因斯坦信服，愛因斯坦堅信兩個在空間上遠離的物體的真實狀態是彼此獨立的（此後這一直被稱為「定域性要求」）。愛因斯坦明確反對兩個粒子間的量子力學關聯，他稱之為「鬼魅般的超距作用」。我們可能對愛因斯坦的諸多成就充滿崇拜，但是這次我們只好相信愛因斯坦他們真的是錯了。因為現在確實有不少實驗已經開始明確地

證明了量子力學的非定域性，或者說許多實驗都證明了波耳對 EPR 的反駁是正確的。

> 在愛因斯坦與波耳爭論的時代，還沒有量子力學非定域性的實驗證明出現。所以，波耳與愛因斯坦最後的爭論更像是純觀念上的爭論。

最後，來看一下 EPR 所寫出的波函數，這對專業學習量子力學的讀者來說是有益的。EPR 波函數如下：

$$\Psi(x_1, x_2) = \int_{-\infty}^{+\infty} e^{\frac{2\pi i}{h}(x_1 - x_2 + x_0)p} dp$$

> EPR 的文章已經發表了八十多年，「遺憾的是」，多次實驗結果都沒有支持愛因斯坦等人的觀點。相反，實驗一次又一次地證實了量子力學的正確性（非定域性）。

這個波函數看起來很「複雜」，其實是非常簡單明瞭的。為了照顧到沒有量子力學基礎的讀者，我們來稍稍解釋一下這個波函數。① 為什麼有個積分存在？這是因為根據 4.3 節中量子力學公設（2）的要求：測量一個力學量的結果，一定是這個力學量所對應算符的特徵值中的一個。所以，體系的波函數必須是體系所有固有函數的線性組合（或積分）。EPR 波函數的這個積分寫法就意味著，當測量粒子 1 和 2 的動量時，粒子的動量特徵值是連續的，可以從 $-\infty$ 到 $+\infty$ 內任意取值。為了把動量的所有固有函數都放到波函數中「求和」，就只好寫成積分的形式了。② 被積函數為何寫成指數形式？這是因為動量的固有函數就是這樣的，例如，一個自由粒子的動量固有函數是 $u_p(x) = e^{\frac{2\pi i}{h}px}$，其原因是動量算符有這樣的形式：$\hat{p} = -i\hbar\nabla$。將該固有函數代入動量的本征方程式，很容易得到驗證。③指數函數中的 x_0 描述了兩個粒

子間的相對距離，在這裡 x_0 表示兩個粒子之間的相對距離 x_2-x_1 一直保持常數 x_0。

6.2 量子纏結

量子力學中的所謂非定域性，是指對一個子系統的測量結果無法獨立於對其他子系統的測量參數，量子纏結就是非定域性的生動展現。形象上來說，就是粒子之間被纏結在一起了（哪怕它們相隔非常遙遠），對其中一個粒子的干擾，相隔遙遠的與之纏結的粒子也將即刻作出反應。這就是非常奇妙的量子力學的非定域現象，是愛因斯坦所反對的「超距作用」。筆者同意這樣的觀點：將這裡的「超距作用」這個名詞改為遙遠粒子間的「關聯」這樣的名詞似乎更加合適一些。所以本書中，我們將盡量使用「關聯」這個詞。到現在為止，我們還不能深刻地理解這種量子纏結的本質，或者說，人們還不懂為什麼量子力學會有這麼特別的非定域性。但是，這並不影響我們有效地利用這種奇特的效應來為我們服務，比如，用於量子通訊和量子運算等。

> 量子纏結真是太奇妙了。為什麼會有如此奇妙的現象？嚴格的說，我們並不知道為什麼。不要緊，我們先利用量子纏結，先讓這種奇妙的行為得以服務我們。

鑑於量子纏結概念的重要性，我們再來更多一點地討論這個概念。讓我們其他學者在科普講座時給出的一個例子，用來說明什麼是「纏結」（並非量子纏結）的概念：假設我們在 A 地買了一雙手套，然後隨意地把其中的一隻寄到 B 地，另一隻寄到 C 地。那麼寄到 C 地的那隻手套是左手的還是右手的呢？誰都不知道。但是如果在 B 地的人收到手套後打開一看，是左手的

那隻，那麼在 C 地的那個人不用打開包裹也知道他收到的一定是右手的那隻。因為手套是左右一套的，這是個規則（當然，在 B 地的人必須打個電話或傳個訊息給在 C 地的人，告知他收到的手套的情況）。雖然寄的時候是隨意的（眼睛沒有觀察），但是只要其中的一個人觀測了他收到的手套，另一個人不用觀測就知道他的手套的情況了，這就是某種「纏結」（但還不是量子纏結！）。這個纏結手套的例子與微觀的量子纏結還是很不同的！在量子纏結下，當你觀測某一個粒子之前（打開包裹之前），這個粒子的狀態真的是不確定的！在你隨機觀測粒子 1 的狀態時，會使這個粒子（原本處於疊加態）「躍遷」到某個確定的態（本徵態之一）。那麼，另一個與之纏結的粒子 2 的狀態也會同時地（瞬間地）作出相應的變化！這才是「量子纏結」。在上述手套的所謂「纏結」例子中，某一隻手套的狀態並不會突然地影響到另一隻手套，它們的狀態從一開始就確定了（這是古典的情況）！所以，拿手套做例子並不是很恰當，只是拿來幫助我們理解而已。

> 這個手套的例子不是量子的纏結！值得再次提醒。

在 EPR 討論的纏結例子中，EPR 寫出的波函數形式意味著兩個粒子要有相反的動量，同時又始終保持著一定的相對距離，這是一種不好想像的、帶有「臆想」性質的追隨運動，儘管這個波函數從數學上講是可能的。難怪有許多人認為愛因斯坦等人與波耳等人的爭論只是一種觀念上的、不會有什麼明確結果的「空談」。到了 1952 年，事情有了轉機，玻姆在 EPR 問題上取得了突破。他修改了愛因斯坦的「實驗裝置」，終於使「EPR 悖論」中的問題變得簡潔、清晰和容易理解了。玻姆把 EPR 理想實驗裡的兩個粒子的座標和動量換成了自旋（兩個粒子有相反的自旋份量），使得爭論的各方都對粒子 1 和粒子 2 的自旋份量之間的關聯性質沒有了異議。實際上，在玻姆的實驗

中，兩個粒子也可以是處於相距甚遠的位置，因而也可以認為兩個粒子在時間和空間上都是分離的。按照愛因斯坦的假設，對一個粒子的自旋的測量應該不會直接影響到另外一個粒子的自旋，這一點與愛因斯坦在原來的 EPR 實驗中的假設是一樣的。「遺憾」的是（或者說，神奇的是），愛因斯坦的假設是不對的，請參考下面玻姆的論述。

　　借由玻姆的自旋表述，量子纏結的概念就變得非常清晰和易於理解了：假設有一個系統由兩個自旋都是 $\hbar/2$ 的粒子構成，而且假設系統處在總自旋為零的狀態（即單態，兩個粒子的自旋相反的狀態）。現在來討論總自旋為零的 A 和 B 兩個粒子處在纏結態下的情況。根據量子力學的正統解釋，粒子的自旋在被測量之前是沒有確定值的（即處在自旋不確定的疊加態上面）。由於 A 和 B 粒子是纏結的，在測量粒子 A 時必定會對粒子 B 產生瞬間的關聯。如果粒子 A 的自旋被發現處於「向上」的狀態，那麼粒子 B 的自旋一定會被發現處於「向下」的狀態（自旋的測量可以在任意方向上進行，而且在任意方向上的測量結果都必須如上述結果所示。隨機性必須體現出來，否則將沒有量子效應），這就是量子纏結。愛因斯坦當時認為，粒子 A 和 B 之間不應該有瞬間的相互作用，A 和 B 從「分離」的那一刻開始，它們的自旋值就應該都是確定的。愛因斯坦的這種可分離性，也就是定域性原理。愛因斯坦認為，A 與 B 之間的瞬間關聯要求有超距作用存在或者有超光速的通訊，但這是不允許的。按照波耳的觀點，粒子 A 和粒子 B 共同處於一個系統中，必須當作一個整體來考慮。在兩個粒子被觀測之前，存在的只是由波函數描述的相互關聯的整體粒子。既然是相互關聯的整體，就用不著什麼訊息的傳遞，更不會有超光速的訊息傳遞或相互作用。所以，實際上並沒有違背相對論的事情發生。

> 玻姆說得更清楚了！他給出的例子比 EPR 的纏結例子更清楚。

　　物理名詞在字面上總是盡力地描述它所要對應的物理內容。所謂的「纏結態」，顯然意味著有某種東西要纏結起來。假如兩個人完全不認識（又沒有相互作用），那他們就「纏結」不起來，所以說兩個人要能夠「纏結」起來，就一定要有某些深刻的東西或「經歷」是共有的。舉一個可能不是很恰當的例子：對於一對同卵雙胞胎而言，他們通常都長得很像，而且可能還有其他性格上很像的地方。可以想像，這樣兩個人的密切關聯是從出生前就開始「纏結」起來的。雖然這個例子不是很好，但是希望可以說明，某種東西要纏結起來，在源頭上就必須要緊緊地聯繫起來（有共同起源的粒子之間通常就會有所謂的量子纏結存在）。人類至今仍不明白纏結背後的神祕機制。例如，纏結的主體是什麼？是什麼東西在纏結？纏結是如何形成的？如何理解纏結中的「超距作用」？它與相對論是否相矛盾？如何將它們結合起來？問題還很多，所以我們不敢在這裡更多地妄加猜測。圖 6.2 給出了一個纏結的例子，即原子的級聯輻射可以產生纏結光子對。如圖 6.2 所示，用紫外線激發一個鈣原子中的電子，電子便會躍遷到高能態上。由於物理上的要求，高能態的電子必須回到低能態（基態）上，這時如果電子作級聯的兩次躍遷，那麼所產生的兩個光子便是纏結光子對。

> 如果將兩個纏結電子的同步解釋為它們之間能夠互通消息的話，這個消息的傳遞速度顯然會超過光速，這是違反相對論的。所以，互通消息的說法是不恰當的。

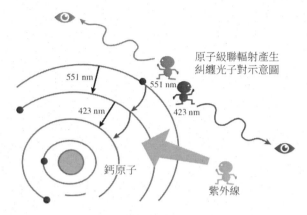

原子級聯輻射產生
糾纏光子對示意圖

551 nm
423 nm

551 nm

423 nm

鈣原子

紫外線

圖 6.2　纏結光子對的產生

　　實驗已經證明了量子力學的非定域性（證明了量子纏結的存在），但是這個非定域性背後深刻的物理內容至今也沒有完全搞明白。這也許正如費曼所說：「我相信世界上沒有一個人真正懂得量子力學……」在同一個物理過程中生成的兩個相關聯的粒子，其中一個粒子發生的任何狀況，另一個粒子將會同時發生相應地改變。這種現象看起來似乎違背了「不允許有超距相互作用存在」的原則。有人認為，這種關聯並不意味著相互作用，我們也願意採用這樣的說法。量子纏結是量子力學提供的一種特有的資源，一種非常神奇的力量。隨著量子科學的不斷發展，量子纏結已經成為許多量子科技中不可缺少的概念基礎。不論是在量子通訊、量子隱形傳態、量子密碼還是量子電腦等領域，量子纏結都擔當著重任。總之，量子纏結確實是一種獨特而神奇的物理資源，應該好好地利用它為我們服務。

　　儘管量子纏結的本質仍然有待深究和探索，但是現在大多數的物理學家都認為那種有悖直覺的「超距關聯」確實是存在的。

　　數學上，如果體系的波函數不可以寫成兩個子系統（在這裡假設是兩個

粒子）本徵態的直積形式，即

$$\psi(x_1, x_2) \neq \phi(x_1)\phi(x_2)$$

那麼無論兩個粒子相距多遠，對一個粒子的測量不能獨立於另一個粒子的參數，這就是纏結態。至此，我們還只是直接敘述了什麼是「量子纏結」。關於量子纏結是否存在的理論和實驗證明還有待下一節的深入討論，即著名的貝爾不等式和阿斯佩的實驗等。

6.3　玻姆的隱變數理論，貝爾不等式

量子力學的正統解釋應該歸於哥本哈根學派，其最主要的內容包括波函數的機率解釋、測不準原理和波耳的互補原理等。量子力學的正統解釋意味著由波函數所描述的系統一般不具有確定的性質，只有我們對這種性質進行測量之後才能得到一個確定值。這似乎意味著在我們測量之前並不存在真實的、確定的世界。但是，量子力學的正統解釋就是這麼「獨斷專行」，這使得很多對古典理論的「確定性」充滿留戀的物理學家們不能容忍這種狀況，他們一直希望量子理論能夠回歸於「確定性」的道路。愛因斯坦是量子理論的創始人之一，他其實並不總是留戀那些古典物理學的概念，但是他應該是最著名的希望量子力學有確定性解釋的人物了。

> 愛因斯坦是希望量子力學有確定性解釋的人物中最著名的。玻姆給出的隱變數理論是一個很好的實在範例，讓人們看到了量子背後的「微觀實在」存在的可能性。

1952 年，玻姆（Bohm）（圖 6.3）出場了，他真的給出了一個隱變數理論。這一理論再一次使人們看到了量子世界回歸具有確定性的古典世界的希

望。所謂隱變數（hidden variables），就是「隱藏的」變數，也就是還沒有被發現的變數。在正統的量子力學中，任意時刻粒子的位置和動量是不能同時具有確定值的（參見 4.6 節）。但是，如果能夠給波函數增加額外的隱變數（一個或更多），那麼就可以使系統的性質具有確定性。或者說，就有可能使粒子的位置和動量同時有確定值。於是，玻姆的隱變數理論重新喚起了人們對真實的實在世界的嚮往。

圖 6.3 玻姆

　　戴維·玻姆 1917 年 12 月 20 日出生於美國賓夕法尼亞州的巴爾鎮，其家庭是來自奧匈帝國的猶太家族。從少年起玻姆就對科學有強烈的興趣。他先後就讀於賓夕法尼亞大學和著名的加利福尼亞大學柏克萊分校，攻讀物理學博士學位。他一度師從羅伯特·歐本海默，直到歐本海默離開柏克萊去領導「曼哈頓計畫」。他與後來非常著名的物理學家溫伯格同宿舍，所以兩位物理上傑出的人物能夠經常地討論量子力學的基本問題。可以想像，這種討論能夠在兩個聰明人之間激發出很多深刻的物理思想。1946 年，玻姆到普林斯頓大學當助教。為了理解量子力學的精確本質，他決定寫一本關於量子力學的書籍，這就是那本著名的《量子理論》一書的來源（這本書最終花了 5 年時間才完成）。這裡面有一個好玩的邏輯，那就是：玻姆為了理解量子力學而決定去寫一本關於量子力學的書。這種做法很可能值得我們借鑑吧，也許筆者寫作本書也有一點點類似的「邏輯」。玻姆這本著名的《量子理論》後來成為最好的量子力學教科書之一。愛因斯坦甚至熱情地給玻姆打電話，並希望和玻姆討論一下他的

書。所以，玻姆進入了位於普林斯頓高等研究院的愛因斯坦辦公室。愛因斯坦表示他不僅喜歡玻姆的書，而且和玻姆一樣，他也對量子理論（主要就是機率解釋）不滿意。愛因斯坦的鼓勵給了玻姆很大的信心，他希望繼續尋找通往量子實在的道路。

> 玻姆為了深刻理解量子力學，決定去寫一本關於量子力學的書。
> 這種做法很值得我們借鑑。

　　現在來大致敘述一下玻姆的隱變數理論以及存在的問題。玻姆認為，在量子世界中，粒子仍然是沿著一條精確的連續的軌跡運動的，只是這條軌跡不僅由通常的力決定，而且還受到一種更加微妙的量子勢的影響。在這個隱變數理論中，粒子與波函數同時存在，量子勢就由波函數產生。而且正是由於量子勢的存在才導致了微觀粒子不同於宏觀物體的奇異的運動。波函數本身被看作是一種數學位形空間中的物理場，它滿足薛丁格方程式，但是從不塌縮。粒子則由波函數引導作連續的運動，可以同時具備確定的位置和速度（在此意義上，玻姆的隱變數理論似乎比「原來的」量子力學更加完備）。我們已經知道，傳統的量子力學可以完全預測微觀系統的測量結果，玻姆理論顯然也必須做到這一點。玻姆認為，量子系統的性質不只屬於系統本身，它的演化既取決於量子系統也取決於測量儀器。所以，關於隱變數的測量結果（一種統計分布）將隨實驗裝置的不同而不同，這就使得玻姆的理論也可以實現對微觀系統性質的正確預測。玻姆理論確實是一個很好的實在範例，讓人們看到了量子背後的「微觀實在」是可能存在的，也更加堅定了堅持實在性觀念的人們的信心。

　　但是，玻姆理論所提供的兩種物理實在（即運動軌跡和 Ψ 場）都是不可測知的，所引入的隱變數（粒子的位置和速度）原則上也是不可測知的。對

位置和速度的測量總是產生與量子力學一致的結果，而且總滿足測不準原理。玻姆理論也沒有給波函數及其演化規律 —— 薛丁格方程式 —— 提供進一步的物理解釋。也就是說，玻姆並沒有給隱藏在波函數背後的「微觀實在」給出清晰的物理圖像。所以說，玻姆的理論還只是一種理論「虛幻」。更多的關於玻姆隱變數理論的討論超出了本書的範圍。

玻姆提出隱變數理論的初始並沒有得到人們的熱情歡迎，甚至量子力學的正統解釋派還對玻姆的「異端邪說」進行了嚴厲的反擊，因為它違背了所謂的「正統解釋」。然而，重要的是，這個理論深深吸引了同樣對量子力學的本質著迷的物理學家約翰·貝爾（圖6.4）。貝爾也在認真地探尋隱變數是否真的存在，正是這個探尋最終給出了被稱為「科學的最深遠的發現」 —— 貝爾不等式的發現。

> 起初，玻姆提出的隱變數理論並沒有得到人們的熱情歡迎。但是重要的是，這一理論吸引了一個關鍵的人物 —— 貝爾。

關鍵的人物終於出場了，他就是剛剛提到的貝爾。貝爾1928年7月28日出生於北愛爾蘭一個貧寒的家庭。為了能夠讓貝爾接受良好的高等教育，他的父母必須辛苦工作、省吃儉用。早在小學階段，貝爾就立志學習自然科學，對讀書更是痴迷，同學們甚至戲稱他為「教授」。貝爾是歐洲高能物理研究中心（CERN）的一名物理學家，他的主要工作應該是加速器的設計和粒子物理學的研究，關心量子力學的本質問題只是他的業餘愛好。而正是這個業餘的愛好最終導致了貝爾不等式的發現，也使他的名字永留物理學甚至是科學的史冊。

圖 6.4 貝爾

我們來看看貝爾最初所面臨的困境。愛因斯坦和波耳對量子力學及其含義進行過激烈的爭論，但沒有結論。一方面，愛因斯坦等人在 1935 年的 EPR 論證中提出量子力學是不完備的，從而似乎應當存在隱變數以便完備地描述量子體系的狀態；但是，另一方面，波耳一派拒絕隱變數的存在。特別是，數學大師馮·紐曼早在 1932 年就從數學的角度出發，證明了「隱變數不可能存在」。憑著馮·紐曼的權威，這大概會扼殺很多人去尋找隱變數的想法。但是面對這種境況，「業餘」的貝爾沒有顧及馮·紐曼的權威，他仔細地研究了馮·紐曼的證明過程。結果，貝爾居然真的發現了這位數學大師在證明過程中的一個漏洞，他甚至還給出了馮·紐曼對「隱變數不可能存在」的證明的一個反例。

> 位處權威的馮·紐曼也會在他的證明中存在漏洞，而「業餘」的貝爾沒有顧及馮·紐曼的權威，居然真的發現了這位數學大師的一個漏洞。

馮・紐曼（圖 6.5），1903 年 12 月出生於匈牙利布達佩斯的一個富裕家庭，父親是一個成功的銀行家。紐曼從小聰明過人，但話不多。他非常喜歡讀書和玩數字遊戲。在紐曼剛上小學的時候，就能順口回答三位數乘三位數的算術題。據說他父親給出一道八位數的除法題，他也能正確地回答。他父親非常震驚，於是決定好好栽培他，為他請了一位家庭教師。此後，11 歲的紐曼被送入大學預科中學，12 歲時便開始旁聽布達佩斯大學的高等數學。

圖 6.5 馮・紐曼

馮・紐曼是現代電子電腦理論的創始人之一，他對電腦科學、經濟學（如博弈論）等領域的數學理論有著非常重要的貢獻，被譽為「電腦數學之父」。紐曼在量子力學的數學理論上也有很重要的研究成果，主要是引入希爾伯特空間，從而給出了量子力學的另一個數學體系。在那個年代，能夠用希爾伯特空間探討量子力學問題的人少之又少。我們在這裡提到的，是紐曼的一個「著名的」錯誤。紐曼在一個原子系統中，對一個平均值使用了交換法則。在那裡，他只是下意識地認為，這個法則也可以用到量子系統的每一個份量的運算中，這樣就出現了錯誤（量子力學中，乘法交換律並不總是成立的）。紐曼的錯誤很快就由赫爾曼（Herman Goldstine）指出了，但是由於紐曼的名聲實在是太響亮了，所以赫爾曼的意見並沒有引起人們的注意。一直過了二十多年，這個錯誤才由貝爾驚奇地重新發現。

> 馮・紐曼的漏洞其實很快就由赫爾曼發現了，但是紐曼的赫赫名聲掩蓋了赫爾曼的正確意見。

　　貝爾最初更傾向於愛因斯坦的觀點。他認為，引入決定論隱變數可能是非常自然的辦法。現在，貝爾前進的道路上的障礙彷彿都已經被清除了，接下來他應該做的就是去尋找隱變數了。由於本職工作的緣故，貝爾無法花太多的時間在量子問題上面。直到 1963 年，貝爾到位於史丹佛的直線加速器中心（SLAC）作為期一年的訪問休假，這才使他有時間重新回到對隱變數的探索上。貝爾認為，非定域性與相對論明顯相牴觸，是應該避免的。於是，貝爾試圖找到一個類似於玻姆理論的隱變數模型，這其中必須沒有非定域性。然而，貝爾沒有找到隱變數理論，卻意外地發現了一個意味深遠的不等式，這就是以貝爾命名的貝爾不等式。貝爾論證貝爾不等式的這篇論文 ——《論 EPR 悖論》，只有 5 頁，論述過程十分簡單和清晰，這篇文章後來被認為是 20 世紀物理學領域最著名的論文之一。有趣的是，貝爾光輝的論文所發表的雜誌《物理》只發行了一年就倒閉了。如今要找到貝爾的這篇論文，最好還是去翻閱貝爾的著作《量子力學中可言語和不可言語的》。

　　貝爾發現，任何與量子力學具有相同預測的理論將不可避免地具有非定域性特徵。或者說，量子力學禁止定域隱變數的存在，這個結論被稱為貝爾定理。貝爾定理和貝爾不等式被譽為「科學的最深遠的發現」之一，它為隱變數理論提供了實驗驗證的方法，也使人們第一次有可能透過實驗來直接驗證「量子非定域性」的存在。貝爾畢竟是一個理論物理學家，他還沒有想過要將自己的理論成果 —— 貝爾不等式 —— 用實驗的方法加以驗證。但是，這個世界上還是會有傑出的科學家會對這個實驗驗證感興趣的。這裡面，法國年輕的科學家阿斯佩的實驗最具代表性。所以，我們將簡單介紹一下阿斯佩的實驗。

貝爾不等式提供了用實驗在量子非定域性和愛因斯坦的定域實在性之間作出判決的機會。目前的實驗表明量子力學有非定域性，愛因斯坦的定域實在性不正確。

阿斯佩 1947 年出生在一個浪漫的國度——法國，這也使得他的血液裡充滿了時尚的元素，注定了他會去做一個「浪漫」而深刻的科學實驗，從而為實驗驗證量子力學的基礎理論作出重要貢獻。阿斯佩的外表也和一般的老套的科學家有很大的不同（圖 6.6），同樣地，那也是很「浪漫」的。阿斯佩熱愛物理學和天文學，除了喜歡讀書，還喜歡夜空觀星，並立志成為一名科學家。在攻讀博士學位之前，24 歲的他自願到非洲的喀麥隆做了三年的社會服務工作。在勤勤懇懇地幫助別人改善生活之餘，

圖 6.6 阿斯佩

他認真研讀了一本當時內容最齊全最深刻的量子理論教材，從而開始關注量子力學中種種深奧的難題，特別是愛因斯坦等人在 1935 年提出的 EPR 悖論。阿斯佩也可能是很偶然地讀到了貝爾的那篇重要論文，這對他的影響非常大，也決定了此後他會去做的工作。從非洲回國後，阿斯佩來到巴黎大學攻讀博士學位，開始全身心地投入驗證量子力學理論的工作，特別是使用貝爾不等式和 EPR 悖論來驗證量子力學的非定域性。從事這樣的課題，阿斯佩確實是非常有勇氣的。對科學創新來說，勇氣和創造力、想像力一樣都太重要了。為了弄明白愛因斯坦對量子力學的挑戰，他找到了愛因斯坦在 1920、1930 年代的所有論文，反覆研究了波耳和愛因斯坦的幾次爭論。他發現，波

耳和愛因斯坦在量子纏結態上的爭論似乎都是在各自的圈子內打轉，因而誰也說服不了誰，這更加激起了阿斯佩想弄清量子纏結的問題。

> 年輕的阿斯佩執意要來驗證量子力學的非定域性。從事這樣的實驗，阿斯佩確實是非常有勇氣的。

阿斯佩很清楚，檢驗貝爾不等式的第一個實驗是 1972 年由克勞瑟等人在加州大學柏克萊分校完成的，但實驗存在一些漏洞而被人詬病，使其結果不那麼具有說服力。因此，阿斯佩這次設計了三個系列性實驗。第一個實驗的基本構思和前面克勞瑟等人的一樣。不過，阿斯佩深知纏結光源對他實驗的重要性，所以他採用了雷射器作為雷射光源的方法（克勞瑟十年前的實驗中沒有使用雷射，這說起來可能是他的最大遺憾）。阿斯佩用雷射來激發鈣原子，引起輻射級聯，產生一對往相反方向「圓偏振」的纏結光子。圓偏振光有兩個不同的旋轉方向，這就可以類比於電子的自旋。阿斯佩的這個實驗結果，得到了量子力學對貝爾不等式的偏離（貝爾證明了，違背貝爾不等式將意味著量子力學是正確的，或者說量子力學有非定域性），達到了 9 倍的誤差範圍，相對於克勞瑟的 5 倍誤差範圍，有了很大的改進。

阿斯佩的第二個實驗，是利用雙通道的方法來提高光子的利用率，減少前人實驗中的所謂「探測漏洞」。這個實驗也大獲成功，最後以 40 倍誤差範圍的偏離，違背了貝爾不等式，再一次強而有力地證明了量子力學的正確性！

阿斯佩的最大貢獻是在第三個實驗中，他採取了延遲決定偏光鏡方向的方法。因為要驗證量子纏結的存在（即一個光子的偏振會即刻影響到它的孿生光子的偏振方向），就不能允許兩個光子之間有任何的溝通。採取延遲決定

偏光鏡方向的方法，就是為了保證這一點。或者說，他在克勞瑟等人實驗的基礎上，再多加了一道閘門，完全排除了纏結光子間交換信號的可能性。阿斯佩發明出了一種基於聲光效應的設備，使得檢偏鏡在每 10 奈秒的時間（實驗中，兩個檢偏鏡的距離按光速計算也需要走 40 奈秒）內旋轉一次，最後使實驗得以成功完成。

> 阿斯佩的實驗說明愛因斯坦這次真的錯了，貝爾不等式遭到無情的違背。「堵住」阿斯佩實驗漏洞的實驗給出了一樣的結論。

　　阿斯佩的三個實驗大獲成功，曾被作為量子力學非定域性的最後判決。但是，阿斯佩的實驗還是有漏洞的。實驗上的漏洞主要有兩類，即定域性漏洞和探測漏洞。定域性漏洞指的是關於纏結粒子的異地測量之間存在關聯性，例如，測量時間的間隔超過了以光速傳播的信號在兩地之間的傳播時間；探測漏洞指的是探測器的粒子檢測效率不高（總有一定比例的粒子檢測不到）。更多的內容請參考《愛因斯坦的幽靈 —— 量子纏結》一書 [13]。這裡面有一個有趣的故事：美國物理學家梅爾銘曾經在 *Physics Today* 上發表文章討論阿斯佩的實驗，並請讀者一起來找實驗的漏洞。有一位普通的讀者來信指出，符合計數器不就明顯地在兩端之間建立起關聯了嗎（圖 6.7）？是啊，為什麼這麼多的量子力學專家都沒有注意到這個最明顯的漏洞呢（而要靠一個普通的讀者來指出）？這不就意味著阿斯佩的實驗還有定域性漏洞嗎？後來，到了 1998 年，塞林格及其同事在奧地利因斯布魯克大學完成了實驗，更為徹底地排除了定域性漏洞。2003 年，阿波羅第一次不用雙光子，而採用高能粒子進行實驗，所得到的結果為 $S=2.725$（非定域性要求 $S>2$，或者 $S = 2\sqrt{2} = 2.8284 > 2$），從而完全證實了量子力學的非定域性。

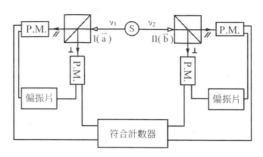

圖 6.7　阿斯佩實驗圖示

　　最後，即便量子力學的非定域性得到完全確認，也並不等於相對論被推翻。相反，相對論和量子理論至今仍然是我們所能依賴的最可靠的理論基石。至於量子纏結的背後是不是真的隱藏著超光速，人們還不能確定。只是表面上看起來似乎有這樣一種類似的效應，但是由於我們並不能利用這個效應來實際地傳送訊息，因此，這和愛因斯坦的狹義相對論也沒有矛盾。

> 即便量子纏結得到完全確認，也並不等於相對論被推翻。量子纏結的背後是否真的隱藏著超光速，人們還不能確定。

　　克勞瑟、阿斯佩以及塞林格三位實驗物理學家，曾被提名 2011 年的諾貝爾物理學獎。雖然最後此獎項的殊榮落到了三位從事宇宙膨脹理論研究的物理學家頭上，不過，克勞瑟等三位已被授予了 2010 年的沃爾夫物理獎。貝爾不等式被譽為是所有的科學當中最偉大的發現之一，但是卻因為沒有獲得諾貝爾獎而沒有那麼廣為人知。這當然不是因為貝爾的發現不夠授予諾貝爾獎，只是貝爾在 1990 年（那一年諾貝爾委員會已提名貝爾）不幸因突發腦溢血而英年早逝了。

> 貝爾不等式被譽為是所有的科學當中最偉大的發現之一，但是卻因為沒有獲得諾貝爾獎而沒有那麼廣為人知，是相當遺憾的。

6.4　量子密碼

　　我們已經越來越離不開手機了，通訊已成為現代人類生活中不可分離的一個部分，但是並非所有的訊息交流都是可以公開的。有些時候，訊息交流的雙方希望所交流的內容能夠得到保密，這就使「密碼學」得以產生和發展。相應地，防止訊息被竊聽的「密碼」也就自然而然地出現了。有文獻記載，最早使用密碼的是斯巴達人，他們發明了很多精巧又簡單的訊息編碼和解碼工具。現在，人們對密碼已不再陌生，我們可以舉出許多日常生活中使用密碼的例子，例如，保密通訊設備中使用「密碼」，個人在銀行提款時使用「密碼」，在電腦和手機登錄和螢幕保護中使用「密碼」，開啟保險箱使用「密碼」以及各種遊戲中也經常使用「密碼」等。不過，像個人在銀行取款時使用的「密碼」以及在電腦登入中輸入的「密碼」等，將「密碼」二字改為「指令」會更加準確一些。

> 現在的日常生活中到處都在使用密碼：銀行存提款、電腦和手機登入、開啟保險箱、螢幕保護以及各種遊戲中。

　　這裡，我們介紹一個簡單的例子，來看看古典的密碼術是如何工作的。假設 A 方在戰爭的後方（如司令部），而 B 方在戰爭的前線。現在，A 方需要發送一個字「retreat」（撤退）給 B 方。為了不讓敵方讀懂電報的內容，A 方對 retreat 這個字使用下面的密碼本（圖 6.8）進行編碼（實際上就是簡單地讓 26 個字母反過來排序，然後再進行一一地對應）。

```
a b c d e f g h i j k l m n o p q r s t u v w x y z
↕ ↕ ↕ ↕ ↕ ↕ ↕ ↕ ↕ ↕ ↕ ↕ ↕ ↕ ↕ ↕ ↕ ↕ ↕ ↕ ↕ ↕ ↕ ↕ ↕ ↕
z y x w v u t s r q p o n m l k j i h g f e d c b a
```

圖 6.8　密碼本示意圖

　　很顯然，「retreat」經編碼後就變成了「ivgivzg」。當 B 方收到「ivgivzg」的單字後，使用與 A 方一樣的密碼本進行解碼，很容易就得出正確的訊息：retreat，於是就知道該撤退了。這是一個非常簡單的例子，這種密碼被稱為代換密碼，即固定不變地使用一個符號代替另一個符號。當然，這種密碼的保密性很低，很容易被破解。但是這個簡單的例子告訴我們一些重要的基本概念，例如，需要共享安全的密鑰（或密碼本，為了安全起見，A 和 B 雙方使用的相同的密碼還需要派專門的信使傳遞），要進行訊息的加密和解密（或稱解碼）等。

> 像圖 6.8 中的密碼是最簡單的密碼之一，這樣的密碼也太容易破解了吧。隨著時代的進步，密碼體系越來越複雜，直到量子密碼術的出現。

　　古典的密碼系統可以分為對稱密碼系統和非對稱密碼系統。對稱密碼系統又稱為私鑰密碼系統，其工作原理是通訊雙方共享一個只有他們自己知道的私鑰，發送的一方將需要發送的內容用這個密鑰進行加密，接受方也使用這個密鑰將收到的內容解密。對稱密碼系統有很多問題，重要的一條是，如何對密鑰進行分發才能避免惡意的第三方進行監聽。所以，合理的分配密鑰的方法是依靠收發雙方的直接會面或者派專門的信使傳遞。這樣就很不方便，而且還可能引發新的安全漏洞；非對稱密碼系統又稱為公鑰密碼系統，

其工作原理是接收方先選擇一組只有他自己知道的專用密鑰，根據專用的密鑰計算出相應的公開密鑰，並將公開密鑰公布給準備向他傳遞訊息的所有對象（公鑰不怕被竊聽）。發送方使用該公開密鑰將訊息加密後傳送給接收方。只擁有公開密鑰很難從密文中反推出原始訊息，只有同時擁有公開密鑰和專用密鑰，才能將密文還原成原文。這種密碼系統的安全性依賴於某種計算的複雜性。目前，最有影響力和最常用的傳統密碼術是 RSA（Rivest-Shamir-Adleman），是一種公鑰加密算法。它是 1977 年由李維斯特、薩莫爾和阿德曼（圖 6.9）一起提出的，1987 年 7 月首次在美國公布。RSA 就是他們三人的姓氏開頭字母。RSA 算法基於一個十分簡單的數論事實：將兩個大的質數相乘十分容易，但是想要對其乘積進行因式分解卻極其困難，因此可以將乘積公開作為加密密鑰。這就是現在常用的密碼術。值得一提的是，雖然說只要密鑰的長度足夠長，用 RSA 加密的訊息實際上是非常難以被解破的，但是，如果量子電腦研製成功並得以使用，那麼傳統的密碼術在量子電腦面前就可能成為「玩具」。

> 基於大質數原理的加密、解密和數字簽名算法（如 RSA 公鑰算法）是當前電子安全不可缺少的部分。但是由於量子電腦的出現，這些將變得不太安全。

圖 6.9　RSA 三人：李維斯特（左）、薩莫爾（中）和阿德曼（右）

　　量子密碼，也稱為量子金鑰分發，是用量子力學知識開發出的一種不能被破譯的密碼系統，即如果不了解發送者和接收者的訊息，該系統是完全安全的。它能夠使通訊的雙方產生並分享一個隨機的、安全的密鑰，用來加密和解密訊息。量子密碼系統是從 20 世紀下半葉逐漸建立起來的。為什麼說量子密碼是不可破解的呢？這是因為它以量子效應作為安全模式的關鍵。談到這裡，需要涉及量子力學中的海森堡「測不準原理」和「單量子不可複製定理」。「單量子不可複製定理」是測不準原理的一個推論，它是指在不知道量子狀態的情況下複製單個量子是不可能的。這是因為想要複製就得進行測量，而一旦進行測量，則必然會改變量子的狀態。實際上，竊聽者想要截獲某個訊息的行為對於被竊聽的訊息來說就是一種外來的測量，一旦有測量，那麼原來的系統就會被破壞，這樣竊聽者獲得的訊息實際上就是毫無用處的。同時，一旦原有的本徵態被改變，接收者就可以很容易判斷出傳輸的訊息已經被動了手腳。所以，憑著本徵態的「一觸即變」，便可以研製出不可破解的密碼系統。應該明確指出，密碼系統只用於產生和分發密鑰，並不負責傳輸任何實質的訊息。

> 竊聽實際上是一種外來的測量，憑著本徵態的「一觸即變」，就
> 可以判斷出原來傳輸的訊息是否被動了手腳，從而可以研製出不
> 可破解的密碼系統。

來簡單看一下量子密碼是如何工作的：以基於單光子技術的量子密碼通訊為例。設想發送方 Alice 向接收方 Bob 逐個隨機地發出互不正交的兩種量子狀態。竊聽者 Eve 想要獲取訊息，就必須截取並測量這些量子態。顯然 Eve 有 50% 的機率猜中 Alice 發射了哪種單光子，這時 Eve 能正確地測出碼值。但是 Eve 猜錯的機率也是 50%，在此情況下 Eve 仍然有 50% 的機率能夠得到正確的碼值。合起來看，Eve 測得正確碼值的機率為 75%。為了掩飾他的竊聽，測量後 Eve 需要偽裝成 Alice 向 Bob 發送單光子，這些單光子中將有 25% 是錯誤的。這麼高的誤碼率將被通訊雙方的 Alice 和 Bob 發現，所以他們就可以選擇捨棄本次通訊，從而保證通訊的安全保密。BB84 協定是國際上首個量子金鑰分發協定，它是 1984 年由貝內特和布拉薩爾（Brassard）開發出來的，其工作過程如圖 6.10 所示（這裡僅給出 BB84 量子密碼方案，最近有其他的方案）。2001 年，科學家從理論上證明了完美的 BB84 協議具有無條件的安全性（如果有 100 個碼元，那麼竊聽者 Eve 不被發現的機率只有 $(1 \sim 25\%)^{100} = 3.2 \times 10^{-13}$，這個機率是非常非常小的。更何況在實際通訊中，碼元的數量遠遠大於 100 個）。但是，理論上的完美並非現實條件下的「完美」。例如，完美實現 BB84 需要完美的單光子光源，但目前人類要作出完美的單光子光源還非常困難（還會發出多個光子），因此還是會存在安全漏洞。

發送的密鑰位元	0	1	0	0	1	1	0	1
發送者選擇的測量方式	+	+	×	×	+	+	×	×
發送的光子偏振	↑	→	↗	↗	→	→	↗	↘
接收者選擇的測量方式	×	+	×	+	×	+	+	×
接收到的光子偏振	↗或↘	→	↗	↑或→	↗或↘	→	↑或→	↘
最終生成的量子密鑰		1	0			1		1

圖 6.10　BB84 量子通訊過程

　　目前，量子金鑰也還存在「穩定性」的問題。因為實際中，要想讓一對纏結的粒子在比較長的距離中保持穩定是件非常不容易的事情。各種因素都可能破壞它們的穩定性，從而導致傳輸的訊息變成亂碼。為了解決長距離上纏結粒子保持穩定的問題，量子金鑰分發的距離也一直在不斷地被刷新。

　　現在，量子密碼術主要是基於單個光子的應用以及它們固有的量子屬性的。這樣的系統在不被干擾的情況下是無法測定其量子狀態的。換句話說，任何試圖測定這些系統的量子狀態的嘗試都必定會對系統產生干擾。理論上，也可以使用其他粒子而不使用光子，但是使用光子有很多優點，包括光有量子密碼術所需要的良好品質，行為容易理解，特別是可以作為目前最有前途的高頻寬通訊介質光纖電纜的訊息載體。量子密碼已經引起了密碼界和物理學界的高度重視，利用量子密碼有可能建立一種嶄新的不可破譯的安全通訊體系，從而滿足現代通訊技術對保密性的高度苛刻的要求。

> 現代通訊技術對保密性有高度苛刻的要求。利用量子密碼有可能建立一種嶄新的不可破譯的安全通訊體系。

6.5　量子隱形傳態

　　所謂的「量子隱形傳態」，往往也被稱為量子遠距離傳輸或量子隱形傳輸等。這是一種全新的訊息傳遞方式，它是在量子纏結效應的幫助下，傳遞量子態所攜帶的量子訊息。所謂隱形傳送指的是脫離實物的一種「完全」的訊息傳送。因為容易引起誤解，讓我們預先認真地指出，量子隱形傳態無法將任何實物作瞬間的轉移，只能「轉移」量子態的訊息。由於應用了量子纏結效應，它有可能讓一個量子態在一個地方神祕地消失，而又瞬間地在另一個地方出現。這裡的「瞬間」指物理上的瞬間，它不需要耗費時間。

> 瞬間移動物體目前還不可能，甚至在原理上也還不可能。千萬別電影看太多了。迄今為止，還沒有任何實驗證據能夠證明物體或能量的傳播速度可以超過光速。

　　首先介紹一下量子隱形傳態的基本原理。

　　我們假設訊息的傳遞方和接收方分別稱為 Alice 和 Bob，Eve 是可能的竊聽者。現在，Alice 的手上有一個連她自己都不了解其量子態的微觀粒子 A，她的目的是要將這個未知的量子態傳遞給遠方的 Bob，但是粒子 A 本身並不需要被傳遞出去。做到了這一點，就是進行了所謂的量子隱形傳態（圖 6.11）。那麼，要達到這個目的，Alice 和 Bob 就必須擁有一對具備量子纏結的「EPR」粒子對，可以假設這一對纏結粒子分別為 E1 和 E2。根據量子力學原理，無論是對 E1 和 E2 中的哪一個粒子進行測量，另一個相關聯的粒子一定會立即作出相應的變化，無論它們相隔多遠。這樣，E1 和 E2 纏結粒子就在 Alice 和 Bob 之間搭建了一條所謂的量子通道。當 Alice 將纏結粒子 E1 和她手裡原有的粒子 A 進行某種特定的隨機測量之後（測量，即意味著

某種相互作用），E1 的狀態將會發生變化。同時，Bob 掌握的纏結粒子對中的 E2 粒子就會瞬間塌縮到相應的量子態上。根據纏結的意義，E2 塌縮到哪一種狀態完全取決於 E1，即取決於上述 Alice 的隨機測量行為。此後，還要透過古典的訊息傳遞通道，將 Alice 所做測量的相關訊息傳遞給 Bob。Bob 獲得這些訊息之後，就可以對手裡的纏結粒子 E2（狀態已經改變）作一種相應的特殊變換，便可以使粒子 E2 處在與粒子 A 原先的量子態完全相同的態上（儘管這個量子態仍是未知的）。這個傳輸過程完成之後，A 塌縮隱形了，A 所有的訊息都傳輸到了 E2 上，因而稱為「隱形傳輸」。所以，整個過程被稱為「量子隱形傳態」。在這整個過程中，Alice 和 Bob 都不知道他們所傳遞的量子訊息到底是什麼。

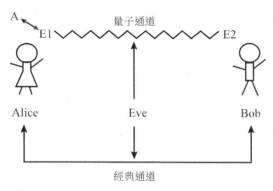

圖 6.11　量子隱形傳態示意圖

　　可以看到，在量子隱形傳態中涉及了古典的訊息傳輸方式，那麼整個訊息傳遞系統的安全性會不會產生問題呢？由於古典的通道只是要告訴接收方傳遞方已經進行了怎樣的特定變換，除此之外，並不包含有關 A 粒子量子態的任何訊息。所以，即便有人截獲了古典通道的訊息，那也是沒有任何用處的。

　　量子隱形傳態是量子通訊的基本過程，也是量子通訊中最簡單的一種。為了實現全球的量子通訊網絡，量子隱形傳態的可行性是前提。

> 量子隱形傳態是量子纏結現象在量子訊息領域中的應用，它是量子通訊的基本過程，也是量子通訊中最簡單的一種。

　　還可以看到，量子隱形傳態並不能完全脫離古典的行為，它還需要借助古典的訊息傳遞通道再結合 EPR 量子通道來傳遞量子訊息。當然，這已經是一種比以往的純古典訊息傳遞方法更加先進的訊息傳遞方式了。古典通道的存在，還意味著訊息被傳遞的速度上限是光速這一限制並沒有被打破！所以，人類的時空穿梭、超時空轉移等極具科幻色彩的事情還完全是一個美好的願望而已。

> 量子通訊中古典通道的存在，意味著訊息被傳遞的速度上限是光速這一限制並沒有被打破！時空穿梭、超時空轉移等事情還完全是一個美好的願望而已。

　　遠距離複製物體卻是可能的。因為根據量子理論，構成所有物體的同一種微觀粒子都是等同的，例如，你身體裡的電子和這本書中的電子是完全相同的（參見 4.3 節的量子力學公設（5））。移動一個物體需要移動組成物體的所有粒子，但是要複製一個物體，我們只要在空間的另一處利用相同的微觀粒子重建所有的組成粒子的量子態就可以了。這樣，就可能利用量子隱形傳態的方式在遠距離製造出原物體的一個複本。但是應該指出，根據海森堡的測不準原理，即便透過上述方式複製出的物體也一定不會是原物體完美的精確複製品。因為測不準原理不允許我們精確地測量原物體的所有訊息，既然無法獲得所有精確的訊息，那麼精確複製也是不可能的了。

6.6　量子通訊

　　量子通訊是一種利用量子纏結效應進行訊息傳遞的新型通訊形式，是近二三十年來發展起來的新興交叉學科。這個學科已經逐步從理論走向實驗，再走向大規模的實用化。量子通訊具有高效率和安全的訊息傳輸能力，已經開始受到人們的很大關注，也是量子力學和訊息科學領域的研究熱點。

　　保密通訊在「程序」上需要經過密鑰的分發、訊息的編碼、訊息的傳送，以及訊息的解碼等步驟。在量子通訊中，量子金鑰分發是用量子力學的知識開發出的一種不能被破譯的密碼系統（憑著量子態的「一觸即變」的性質），即如果不了解發送者和接收者的訊息，它是一種不可破解的密碼系統（見 6.4 節）。關於訊息的傳送，量子隱形傳態是量子保密通訊中採用的基本過程（至少目前還是）。1993 年，美國科學家貝內特提出了量子通訊的概念，之後，6 位來自不同國家的科學家，基於量子纏結理論，提出了利用古典和量子相結合的方法實現量子隱形傳態的方案。量子隱形傳態從此成為量子通訊中的核心部分，我們已經在上一節中進行了詳細的討論（請複習 6.5 節），這裡就不再做更多的敘述。

　　量子通訊主要涉及量子密碼通訊、量子隱形傳態和量子密集編碼等。我們已經解釋了量子密碼通訊和量子隱形傳態，還需要解釋一下量子密集編碼：這是一種在量子纏結的基礎上兼顧安全通訊和高效通訊的通訊量子協議，它可以實現透過發送單個量子位元進行通訊而獲得兩個古典位元的訊息量。如果說量子隱形傳態是利用古典通訊方式輔助的方法來傳送未知的量子訊息，那麼量子密集編碼就可以看成是利用量子傳輸通道來傳送古典位元對應的訊息。

> 實現量子通訊需要兩個通道：量子通道和古典通道。因而，通訊的速度被古典通道所限制，故通訊的速度仍然不能超過光速。

　　1997 年，在奧地利留學的青年學者潘建偉（圖 6.12）和荷蘭學者布曼斯特等人合作，首次實現了未知量子態的遠程傳輸。這是國際上第一次在實驗上成功地將一個量子態從甲地的光子傳送到乙地的光子上。當然，實驗中傳輸的只是表達量子訊息的狀態，作為訊息載體的光子本身並沒有被傳輸。

圖 6.12　潘建偉

圖 6.13　量子科學衛星

　　對新鮮事物的認識和理解無疑是一步一步向前的。最初，對於量子通訊方面的科學研究項目的評審意見，據說基本上是：「量子訊息研究這個東西很不可靠，要使用起來很難」。這個狀態到 2000 年之後才有所好轉，這時候國際上在量子訊息科學上的研究得到了比較快的發展。

　　科學上總是允許嚴肅的質疑的。當前對量子通訊的質疑主要有：① 直接質疑量子理論的，即直接質疑上面我們認真討論過的量子力學的非定域性。回答這個質疑的唯一方法就是，透過檢驗量子纏結的那些實驗，已經有不少實驗驗證了量子纏結確實存在，儘管我們到現在還不清楚為什麼會有量子纏

結發生，背後的東西是什麼。② 質疑量子通訊的另一個問題是干擾問題。實際上，說量子通訊衛星的抗干擾能力弱並不確切，其實與古典通訊是一樣的。這種抗干擾能力跟無線通訊、光纖通訊是一樣的。量子通訊可以保證通訊的過程是絕對安全的（當然，訊息傳遞的兩個終端自己不要出問題）。

> 科學總是允許嚴肅的質疑的。我們在質疑的同時，總還是可以做應用研究的，哪怕裡面還有一些搞不清楚的地方。

6.7　量子運算

電腦把我們帶入了訊息時代，給我們的工作和生活帶來了巨大變化。當今的（傳統的）電腦晶片的集成度以大約每十八個月提高一倍的速度快速增加（即摩爾定律），這樣，電腦晶片的集成度在不久的將來就會達到原子分子量級（10^{-10} m），這時熱量和量子效應甚至會完全破壞晶片的功能。所以，構想能夠超越傳統電腦的新模型是一個非常重要的方向。美國阿貢國家實驗室的保羅·貝尼奧夫（Paul Benioff）第一個提出，利用量子物理的二態系統模擬數位 0 與 1，可以設計出更有效能的計算工具。1982 年，費曼對量子電腦作了概念上的引申，使得有更多的物理學家注意到量子力學與計算科學之間可能的關聯。1985 年英國牛津大學的多伊奇進一步闡述了量子電腦的概念，並且證明了量子電腦比古典電腦具有更強大的功能。1994 年，貝爾實驗室的數學家秀爾發表了突破性的工作 —— 快速整數因數分解方法（如今已被稱為秀爾算法，Shor's Algorithm）。因為該算法可能破解目前普遍採用的 RSA 密碼系統，於是引起了極大的震撼。所以，從 1994 年之後關於量子運算和量子通訊的論文便迅速增加，也開始吸引來大量的研究經費。1995 年，

美國的格羅弗又證明了在搜索問題上量子電腦也比古典電腦優越。目前，在美國、歐洲、日本以及更多國家已經有了相當多這方面的研究。秀爾本人於1998 年在柏林舉行的國際數學大會上，與懷爾斯（Andrew Wiles）（費馬最後定理的證明者）一同獲獎。

> 本質上，電腦從誕生之日起並沒有發生什麼大的變化。圖靈為它設計了靈魂，馮‧紐曼為它雕刻了骨架，別的都只是枝微末節罷了。
>
> 量子電腦雖然還只能解決傳統電腦所能解決的問題，但從計算效率上看，目前已知的量子算法處理問題時的速度要明顯快於傳統電腦。

　　量子運算是一種遵循量子力學規律，調控量子訊息單元而進行計算的新型計算模式。傳統電腦的理論模型是採用所謂的圖靈機模式。通用的量子電腦，其理論模型是用量子力學規律重新詮釋通用的圖靈機。從計算效率上看，由於量子力學疊加性和非定域性的存在，目前某些已知的量子算法在處理速度上要大大快於傳統的電腦。

> 量子運算是一種遵循量子力學規律、調控量子訊息單元進行計算的新型計算模式。通用的量子電腦，其理論模型是用量子力學規律重新詮釋通用的圖靈機。

　　簡單地說，量子電腦與傳統的通用電腦一樣，也是由記憶體和組合邏輯電路組成的，但是量子電腦的儲存和邏輯閘與古典電腦是不同的，下面作簡單的比較。

　　普通的電腦中，2 位的記憶體在某一時間僅能儲存 4 個二進制數（即

00、01、10、11）中的一個；而量子電腦中的 2 量子位記憶體則可同時儲存
這四個數，因為每一個量子位元可表示兩個值（如自旋的上或下、圓偏振的
左旋或右旋）。如果有更多的量子位元的話，量子電腦的計算能力可以呈指數
式提高（這是很重要的）。也就是說，量子電腦與傳統電腦的一個主要區別
是，傳統電腦使用 1 和 0 儲存訊息（並開展運算），而量子電腦中使用的量
子位元所能包含的訊息則要多得多。

　　在常規的電腦中，訊息單元（稱為位元，bit）用二進制的一個位來表
示，它不是處於 0 態就是處於 1 態。在二進制的量子電腦中，量子訊息單元
稱為量子位元（qubit，也稱為量子位），它除了可處於 0 態或 1 態外，還可
以處於 0 態和 1 態的任意線性疊加態（0 態和 1 態以一定的機率同時存在，
請參考 4.3 節的量子力學公設（2））。實際中，任何兩態的量子系統都可以
用來實現量子位元，例如，氫原子中電子的基態和第一激發態、質子自旋在
任意方向的 +1/2 份量和 -1/2 份量，以及圓偏振光的左旋和右旋等。根據量
子力學，對 n 個量子位元而言，它可以承載 2 的 n 次方個狀態的疊加狀態，
而且量子電腦將保證每種可能的狀態都以並行的方式演化（這來自量子力學
的原理）。這意味著如果有 500 個量子位元的話，則量子運算的每一步會對
2^{500} 種可能性同時作出操作。2^{500} 是一個非常「可怕」的數，它比地球上已知
的原子數還要多。這是真正的平行計算，而當今的古典電腦中的平行處理器
仍然是一次只做一件事情。原理上，要在量子電腦中實現高效率的量子平行
運算，就要用到量子相干性。所謂的相干性，也稱為「態之間的關聯性」，
是我們多次提到的量子非定域性，如粒子間的量子纏結。量子電腦中，由於
量子位元串列的量子相干性（纏結）會使它們作為一個整體來動作，因此，
只要對一個量子位元進行處理，其影響就會立即（瞬間地）傳送到串列中其

餘的量子位元。這一特點,正是量子電腦能夠進行高速運算的關鍵。也就是說,正是由於量子纏結態之間神奇的關聯效應,才使得量子電腦可以實現量子平行算法,從而在許多問題上可以比古典電腦大大減少操作次數。

量子運算將有可能使量子電腦的計算能力大大超過今天傳統的電腦。但是現在仍然存在著很多障礙,主要問題是實驗上對微觀量子態的操縱確實太困難了。已經提出的操控方案主要有利用冷阱束縛離子、電子或核自旋共振、量子點操縱、超導量子干涉,以及原子和光腔的相互作用等。最近,金剛石中的氮原子 —— 空位色心(NV center)受到了特別的重視。要建造一臺大型的量子電腦,就必須能夠讓它在量子層面上運行,可是一旦我們試圖建立一個大到滿足需求的電腦時,它的量子效應就不可避免地開始消失,體系便開始遵循宏觀世界的規律。目前,世界上的主要國家都在以極大的熱情開展量子電腦的研究工作。量子電腦使計算的概念煥然一新,更重要的是,量子運算可以在科學研究中發揮巨大的作用。無論是生物化學反應過程的模擬,還是氣候變化等大數據的處理,都是量子電腦發揮作用的地方,而這正是古典電腦的短處。而且,量子電腦的作用遠不止解決一些古典電腦無法解決的問題。

> 量子電腦的時代還沒有真正到來,我們現在所邁出的每一小步都是極為珍貴和關鍵的。

第 7 章　進階一點點的量子力學

7.1　自旋是什麼

　　「什麼是自旋？」這是學生們很喜歡問的問題。然而另一面，學生們卻很少問：「質量是什麼？電荷是什麼？」其實，自旋與質量、電荷等物理量一樣，是微觀粒子的一個基本屬性。也就是說，電子（或其他微觀粒子）的自旋角動量及其相應的磁矩是電子本身的內稟屬性，所以通常也稱為內稟角動量和內稟磁矩。自旋角動量是粒子與生俱來的一種角動量，並且其量值一定是量子化的，無法被改變（但自旋角動量的指向可以透過操作來改變）。相對於大家熟悉的靜止質量和電荷，自旋是微觀粒子的一個新的自由度。已經有大量的實驗證明，自旋及其相應的內稟磁矩是標誌各種基本粒子的非常重要的物理量，每個粒子都具有特有的自旋。自旋是量子力學當中特有的，它並沒有古典物理學的對應物。在量子力學中，其含義也只有在相對論量子力學中才能搞清楚。自旋為 0 的粒子從各個方向看都一樣，就像一個點。自旋為 1 的粒子在旋轉 360° 後看起來一樣，自旋為 2 的粒子在旋轉 180° 後看起來一樣，自旋為 1/2 的粒子則必須旋轉 2 圈看起來才會一樣。自旋為半整數的粒

子組成宇宙中的「物質」，而自旋為 0、1、2 的粒子產生物質粒子間的力。已經發現的粒子中，自旋為整數的，最大自旋為 4；自旋為半奇數的，最大自旋為 3/2。自旋為 1/2 的粒子包括電子、正電子、質子、中子、微中子和夸克等，光子的自旋為 1，理論假設的引力子自旋為 2，希格斯玻色子在基本粒子中比較特殊，它的自旋為 0。原子和分子的自旋是原子或分子中未成對電子的自旋之和，未成對電子的自旋導致原子和分子具有順磁性。

> 人們樂於將自旋類比於古典物理中的自轉（比如地球），但這種比喻只在一定程度上可用。自旋是微觀粒子的內稟屬性，不能用古典轉動的圖景來解釋。

　　量子力學經常有悖於我們的日常生活經驗，在前面的討論中，我們已經多次遇到這種情況了。自旋，也是一個不好想像的東西。例如，一個粒子必須旋轉 2 圈才會和它自己露出同一面孔（那麼旋轉 1 圈所露出的面孔就與自己不一樣了？）這是根本無法想像的事情，這裡面的意義只能透過數學去理解。

　　以上敘述的是關於自旋的基本知識。現在，來看看引入自旋所基於的主要實驗事實。

(1) 鹼金屬光譜線的精細結構

　　當使用較高分辨率的光譜儀觀察鈉的光譜時，發現許多光譜線都有雙線結構，即譜線有精細結構。所謂精細結構，指的是發現原來的一條譜線實際上包含了兩條或幾條波長非常接近的譜線。鈉的黃色譜線常被稱為 D 雙線，兩條譜線的波長分別為 5,890 埃和 5,896 埃。為了解釋鹼金屬譜線的雙線結

構，就必須引入自旋，並考慮進自旋角動量和軌道角動量的耦合。

(2) 反常塞曼效應

在強磁場中，原子光譜線發生分裂的現象（一般分裂為三條），稱為正常塞曼效應。對於正常塞曼效應，不需要引入自旋及其磁矩的概念，就可以加以解釋。但是，在弱磁場情況下，非單態的譜線會發生複雜的分裂，分裂的條數不一定是三條，譜線間隔也不一定是一個勞侖茲單位，這就是所謂的反常塞曼效應。為了解釋反常塞曼效應，就必須引進電子的自旋。而且，除了需要考慮磁場與自旋的耦合之外，還必須考慮進自旋角動量和軌道角動量之間的耦合。

如上所述，為了解釋原子光譜中的一些複雜現象，必須引入自旋的概念。烏倫貝克和古茲密特就是為了解釋這些困難，於 1925 年基於這些實驗事實而提出了自旋的假設。他們最初提出的自旋概念具有機械的性質：就像地球繞著太陽的運動那樣，電子一方面繞著原子核運轉，一方面還會自轉。只不過電子的自旋角動量在空間中的份量可能而且只能有兩個值，$\pm\hbar/2$。自旋角動量與軌道角動量（或自旋運動與軌道運動）是非常不同的，把電子的自旋看成是機械的自轉是不對的（古典的角動量示意圖見圖 7.1）。當烏倫貝克和古茲密特的論文還沒有發表（但是已經投稿）的時候，勞侖茲就指出，根據測不準原理估算出來的自轉速度將遠大於光速。所以，自旋不是自轉。如果說電子要繞著它的自轉軸旋轉，那麼這個軸是什麼？由於量子力學根本就不把電子視作一個球體，那麼這個自轉軸是沒有意義的。自旋是微觀粒子的固有運動，這個運動與粒子所處的狀態無關。例如，不管是被原子核束縛住的電子，還是金屬中的近自由電子，或是虛空中完全自由的電子，自

旋這個量不受任何影響。電子的自旋永遠保持不變，而且永遠與其自身聯繫在一起。

> 烏倫貝克和古茲密特發現了電子的自旋，這是一個偉大的發現。
> 克勒尼希在烏倫貝克和古茲密特的發現之前就有過相似的想法。

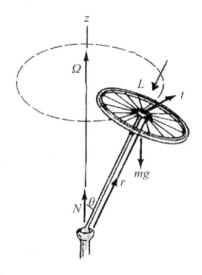

圖 7.1　古典物理中的軌道角動量和自轉角動量

這裡面有兩個插曲。

　　插曲（1）：荷蘭萊頓大學的研究生烏倫貝克和古茲密特（圖 7.2）在研究原子光譜的時候，產生了電子有「自旋」的想法（他們並不知道克勒尼希也有過這樣的思想）。兩人找到導師埃倫費斯特（Paul Ehrenfest）徵求意見，埃倫費斯特不是很確定，但建議兩人寫一篇小論文發表。烏倫貝克和古茲密特在將論文交給埃倫費斯特之後，就去求教勞侖茲。勞侖茲計算後發現，對於這樣的情況電子錶面運動的速度會達到光速的 10 倍。烏倫貝克和古茲密特兩人大吃一驚，趕緊回學校想撤回那篇論文，但是已經太遲了，埃倫費斯

198

特已經將論文寄給了《自然》雜
誌。據說兩人當時非常的懊惱，埃
倫費斯特只好安慰他們：「你們還
年輕，做點蠢事也沒關係。」結果
論文發表後，波耳、愛因斯坦都表
示贊同，海森堡也改變了原先反對
的態度。就這樣，非常重要的自旋
終於被發現。

圖 7.2　烏倫貝克（左）、克萊默斯（中）和古茲
密特（右）

　　插曲（2）：當 1925 年初包立
提出著名的「不相容原理」之後，人們已經知道，原子中的電子需要四個量
子數來描述。當時，大家已經知道了三個量子數，而這第四個是什麼，則眾
說紛紜。在烏倫貝克和古茲密特發現自旋之前，當時正在哥本哈根訪問的克
勒尼希也想到，可以把電子的第四個自由度看成電子繞著自己的軸旋轉。他
找到了包立和海森堡，提出這一思路，結果遭到兩個德國人的一致反對。因
為若是這樣，電子又被想像成一個實在的小球（這是量子力學中不願意看到
的），那至少它的表面旋轉速度會高於光速。就這樣，克勒尼希與自旋的偉大
發現失之交臂。這一年的秋天，烏倫貝克和古茲密特在研究光譜的時候獨立
產生了自旋的思考。

　　在凝聚體物理、化學和材料學等許多領域中都需要大量使用電子的自
旋，我們來稍稍多看一下電子的自旋（圖 7.3），它有特殊的重要性。正如上
面已經指出的，電子具有自旋角動量的特性純粹是量子特性，它沒有古典物
理的對應，也不可能用古典物理學來解釋。雖然說自旋角動量也是一個力學
量，但是它和其他力學量有根本的差別：一般的力學量可以表示為座標和動

量的函數，但是自旋角動量卻與電子的座標和動量無關。電子的自旋量子數取半整數的值，這與軌道量子數有很大的區別，後者的量子數的取值只能為整數。電子的自旋是電子內部狀態的表徵，是描寫電子狀態的第四個變數。所以，電子的波函數應該寫為

$$\psi = \psi(x, y, z, s, t)$$

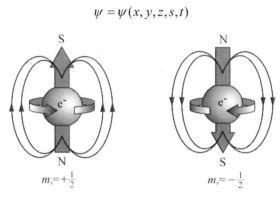

圖 7.3　電子自旋示意圖

由於電子的自旋只能取兩個數值，$\pm \hbar / 2$，所以波函數可以進一步寫成一個兩行一列的矩陣：

$$\psi = \begin{pmatrix} \psi_1(x, y, z, t) \\ \psi_2(x, y, z, t) \end{pmatrix}$$

ψ_1 和 ψ_2 分別對應著自旋為 $+\hbar / 2$ 和 $-\hbar / 2$ 時的波函數。

> 自旋角動量是量子化的。無論你從哪個角度觀察電子的自旋，都可能得到也只能得到兩個數值中的一個：$\hbar / 2$ 或 $-\hbar / 2$，也就是所謂的自旋「朝上」或「朝下」。

理論上，對自旋的完整描述應該歸功於狄拉克方程式。1928 年，傑出的英國物理學家狄拉克提出了一個關於電子運動的相對論性的量子力學方程

式,即狄拉克方程式,這個新的方程式的解有極佳的相對論不變性。狄拉克做了一件不尋常的事情:他把四個波函數引入薛丁格方程式,以代替原先的一個波函數。與波函數的數目相對應,方程式有四個解,而前兩個解就是兩種可能意義下的電子自旋。也就是說,這個新方程式考慮進了有自旋角動量的電子作高速運動時的相對論效應。從這個方程式可以自動導出電子的自旋量子數為 1/2,還正確地給出了電子的內稟磁矩等。電子的這些性質過去都是從實驗結果中總結出來的,並沒有理論上的解釋,而狄拉克方程式卻可以自動地導出這些重要的基本性質,這是很了不起的。關於狄拉克方程式的更多討論,請參閱 7.3 節「相對論性量子力學」。

最後,自旋、質量和電荷都是從哪裡來的?這可以從一門稱為「量子場論」的物理學理論中得到說明。但是,這些內容超出了我們科普量子力學的初衷。感興趣的讀者很容易找到「量子場論」的相關書籍。

7.2　非相對論性量子力學的第三種形式

非相對論性量子力學實際上有三種形式。按照其理論創建的時間前後分為:①1925 年由海森堡創建的矩陣力學形式;②1926 年由薛丁格創建的波動力學形式;③在 1948 ～ 1950 年由費曼創立的路徑積分形式(關於狄拉克的一種 q 數形式,見 4.2 節)。這三種形式都是邏輯上完備的量子力學理論,而且已經從數學上證明了它們是完全等價的。波動力學是目前最為廣泛採用的形式,一般的普通量子力學教科書也都採用這一理論體系。費曼(圖 7.4)的路徑積分形式也是量子力學的一種非常重要的形式,因為它非常適合於場論。

　　筆者一直在做計算凝聚體物理方面的工作。但是在 1990 年初剛到美國時卻「意外地」到了紐澤西州立大學（Rutgers University）的一位德裔教授的組裡。教授給我的任務是一個與路徑積分相聯繫的課題。在我苦讀費曼的名著《量子力學與路徑積分》時，就感到了深深的震撼。原來費曼為了達到自己「可以告人」的目的，真的是「不擇手段」地重新建構了整個量子力學，或者說他完全重構了量子力學計算的數學框架。經過一年多的時間，我在 *Physical Review B* 上發表了一篇與路徑積分相關的論文，這應該是我唯一的一篇與路徑積分有關的論文了。

圖 7.4　費曼

　　讓我們舉一個很簡單的例子來看看費曼是怎樣「重新建構」量子力學的。來看一下最簡單的關於自由落體的情況。牛頓力學認為，自由落體只能有一條確定的路徑從 A 點垂直地落到 B 點；量子力學認為，軌道或軌跡的概念是不合時宜的（已經被拋棄了），所以只可以說在 A 點或 B 點出現的機率如何如何；而費曼的路徑積分方法則認為，從 A 點到 B 點，一個粒子可以走任意可能的路徑，只是每一條路徑有不同的機率罷了。總體效果是要把所有可能路徑的「機率」效果積分出來（費曼在此發明了所謂的「路徑積分」）。

> 路徑積分以包括兩點間所有路徑的和或泛函積分而得到的量子幅來取代古典力學裡的單一路徑的結果。路徑積分方法在統計物理、量子場論和量子宇宙論中有廣泛的應用。

費曼被譽為是繼愛因斯坦之後最睿智的美國物理學家。他才二十幾歲時，年長的韋格納（諾貝爾物理學獎獲得者）就讚揚過：「他是第二個狄拉克。」從費曼創建路徑積分形式的量子力學體系來看，他的手法確實是革命性的（基本上是完全的創新）。著名的物理學家，費曼的摯友戴森曾經這樣描寫費曼：「費曼是個極具獨創性的科學家。他不把任何人的話當真，這就意味著他得自己去重新發現或發明幾乎全部物理學。為了重新發明量子力學，他專心致志地工作了五年。他說他不能理解教科書中所教的量子力學的正統解釋，所以他必須從頭開始，這實在是個壯舉。」費曼就是一個不迷信任何權威的人，最終獨立發展了矩陣力學和波動力學之後的量子力學的第三種表達形式 —— 路徑積分形式。費曼的一生多彩多姿，他的各種故事也傳頌一時。他喜歡待在酒吧裡做科學研究，當那個酒吧因妨礙風化而被取締時，他出庭為其辯護。他對理論物理有重大貢獻，他以量子電動力學上的開拓性理論獲得了諾貝爾物理學獎。在物理學界費曼是一個傳奇性的人物。

量子力學的路徑積分形式是 1948 ～ 1950 年由費曼創立的。這個理論的核心是如何去構造量子力學中的傳播子（propagator），傳播子包含了量子體系的全部訊息。這可以從形式上與薛丁格的波動力學相類比，即波動力學的核心是去構造體系的哈密頓算符，而哈密頓量包含了量子體系的所有訊息。但是，在意義上，路徑積分形式是不同於波動力學的。路徑積分理論直接把傳播子與古典力學中的作用量聯繫了起來，路徑積分理論與古典力學的拉格朗日形式有著密切的關係。

> 費曼的一生非常多彩多姿，他的各種有趣的故事也傳為佳話。他是一個不迷信任何權威的人，他可以「重建」整個量子力學，最終獨立發展了量子力學的路徑積分形式。

讓我們來稍稍深入一點。按照費曼的假設，傳播子寫為

$$K(r''t'', r't') = \int e^{iS[r(t)]/\hbar} D[r(t)] dt$$

其中，$S[r(t)] = \int_{t'}^{t''} L(r, \dot{r}, t) dt$，$S$ 是依賴於粒子軌道 $r(t)$ 的泛函（註：方括號指的是泛函，圓括號代表我們通常的一般函數）。在這裡，S 式中積分的道路包含了對初、終點上（$r(t')=r'$，$r(t'')=r''$）連續變化的一切可能的路徑。這是一個很不好理解的路徑。K 式中的積分也是對連續變化的一切可能的路徑求積分。

如果說，路徑積分形式的理論只是作為矩陣力學和波動力學的等價形式的話，那它就不會有太大的意義。應該指出，路徑積分理論有一些重要的優點，簡介如下。①易於從非相對論形式推廣到相對論形式，因為作用量是一個相對論性不變量。所以，路徑積分方法對於場量子化有著特殊的優越性。這就是為什麼路徑積分理論在量子場論中有非常重要的應用。②把含時問題和不含時問題納於同一個理論框架中來處理。對於量子力學的三種形式，它們雖然是等價的，但是各有特點（優點）。用非常專業的話來敘述：海森堡的矩陣力學是量子力學的一種代數形式；薛丁格的波動力學是量子力學的一種微分方程式的形式（定域性描述）；費曼的路徑積分形式是量子體系的一種整體性的描述。

> 路徑積分方法直接把作用量引入了量子理論，使得它最適合於處理對稱性。物理學家相信宇宙的終極設計就是從作用量角度來考慮的，作用量表述在美學上和數學上都優於微分方程式描述。

費曼的一生非常富有傳奇色彩，我們先來看看他的生平。理查德・費曼，1918 年 5 月 11 日出生在美國紐約市皇后區的一個猶太家庭，並在長島

南岸的法羅克維長大。費曼的父親非常重視對孩子的教育，當費曼長大一點時，就帶他去博物館，並且給他讀《大英百科全書》，然後用自己的話耐心地解釋。後來費曼愉快地回憶道：「沒有壓力，只有可愛的、有趣的討論。」費曼很快就開始自己讀《大英百科全書》了，並對上面的科學和數學文章尤其感興趣，卻覺得人文科學枯燥無味。他甚至認為英語的拼寫太缺乏邏輯性，所以成年以後他似乎不太擅長拼寫。

　　1935 年，費曼高中畢業之後進入麻省理工學院學習，最初主修數學和電力工程，後轉修物理學。1939 年以優異成績畢業於麻省理工學院，畢業論文發表在《物理評論》上，內有一個後來以他的名字命名的量子力學公式。之後，費曼到普林斯頓大學當惠勒的研究生，致力於研究量子力學的疑難問題：發散困難。1942 年 6 月在普林斯頓大學獲得理論物理學博士學位。同年與高中相識的戀人艾琳結婚。1942 年，24 歲的費曼加入美國原子彈研究項目小組，祕密參與了研製原子彈項目的「曼哈頓計畫」。1945 年艾琳去世。同年，「曼哈頓計畫」結束，費曼到康乃爾大學任教。1950 年轉到加州理工學院擔任托爾曼物理學教授，直到去世。期間，費曼於 1965 年因在量子電動力學方面的貢獻與施溫格、朝永振一郎一同獲得諾貝爾物理學獎。費曼提出了費曼圖、費曼規則和重整化的計算方法，這是研究量子電動力學和粒子物理學不可缺少的工具。費曼也是第一個提出奈米概念的人。他曾經是「曼哈頓計畫」理論方面的小組長，該研究小組負責研製原子彈。在加州理工學院期間，因其幽默生動、不拘一格的講課風格深受學生歡迎。他的一系列講座被收集在一起，出版了著名的《費曼物理學講義》。1986 年，費曼參與調查「挑戰者號」太空梭的失事事件。

　　費曼是諾貝爾獎得主，被公認是近代最偉大的理論物理學家之一。一方

面，費曼曾經和愛因斯坦、波耳等物理學大師討論物理問題；另一方面，費曼從小到大個性極其鮮明，他可能是歷史上唯一的被按摩院請去畫裸體畫，在巴西森巴樂團擔任鼓手，偷偷打開放著原子彈機密文件的保險櫃，以及在賭城跟職業賭徒一起研究輸贏機率的諾貝爾物理學獎獲得者。費曼在《別鬧了，費曼先生》一書中有這樣一種說法：「偉大的數學家馮·紐曼教會了我一個很有趣的想法：你不需要為身處的世界負任何責任。由此我就形成了強烈的社會不負責任感，從此成為一個快樂逍遙的人。大家聽好了，我的不負責任感全都是由於馮·紐曼在我思想上撒下的種子而起的！」這應該只是費曼自己的一種說辭而已。

> 費曼的個性極其鮮明，他對物理的表述風格也是令人著迷的。

有很多關於費曼的有趣的故事。我們也在這裡摘錄幾則，以供大家消遣。

(1) 怪異的愛好

據費曼女兒的回憶：在參與「曼哈頓計畫」的過程中，費曼承受了巨大的心理壓力。他和同事們幾乎是夜以繼日地工作，經常忘記什麼是時間。也許是為了鬆弛自己緊繃的神經，費曼找來各種樣式的鎖具進行拆解組裝，並很快掌握了各種鎖具的開鎖方法。後來他看上了保險櫃，幾乎不費多長時間就掌握了不同保密級別保險櫃密碼的規律，打開不同品牌的保險櫃成為他研究工作之外的拿手好戲。後來，整個洛斯阿拉莫斯實驗室（美國原子彈研究的重地）幾乎沒有他打不開的門或櫃。他的這種搞怪行為讓這個全世界保密級別最高的核研究基地數度如臨大敵。他取出另一個研究小組的保密資料後

還會留下一張字條：「這個櫃子不難開呀。」核基地的維安人員曾被嚇出一身冷汗。

(2) 坦誠犀利

晚年費曼有一段精彩的經歷。那就是參與 1986 年「挑戰者號」太空梭事故的調查。他一改過去做學問的「學術風格」，帶著疑點深入到設計、製造、操作太空梭的技術人員和發射人員那裡了解情況，還親自到殘骸旁仔細觀察。最後，他以驚人的速度找到事故的關鍵原因，令整個美國為之震撼。在揭祕真相的那一天，參與調查的專家們各自陳述了自己的結論。他們都是從各自的專業領域出發，冗長的數字、生僻的術語，自然是讓非專業人員一頭霧水。

輪到費曼發言時，他沒有立即開講，而是向會議主持者要來一杯冰水，然後把太空梭的關鍵零件 —— 燃料箱的密封橡膠圈放了進去。所有人的目光都被吸引到那個水杯上，大家屏氣凝神地等待他的結論。5 分鐘後，他拿出橡膠圈輕輕一折，橡膠圈便斷成兩截。費曼緊盯著手裡的橡膠圈說：「發射當天的低氣溫使橡膠圈失去膨脹性，導致推進器燃料泄漏，這就是問題的關鍵。」後來，人們將這一幕說成是 20 世紀最動人的科學實驗之一。

(3) 一個著名的片段：一生摯愛

1942 年，費曼與艾琳・格林鮑姆結婚。他們從高中開始相戀，約會了六年以後才正式訂婚。當費曼去普林斯頓大學深造時，艾琳發現自己頸部有一個腫塊，並且持續疲憊和發燒了幾個月，最後被診斷為結核病。費曼得知檢

查結果後，認為自己應該跟她結婚以便更好地照顧她（儘管他父母反對）。於是，1942 年 6 月 29 日，在去醫院的路上，一位治安官主持了他們的結婚儀式。儘管這時費曼已經在忙於「曼哈頓計畫」的研究工作，他還是盡心竭力地照顧艾琳。從他們結婚那天直到艾琳去世，她一直在醫院裡臥床休養。費曼平時工作繁忙，只有到了週末才能驅車趕到醫院，與艾琳待在一起。一週當中的其他日子，這對年輕夫婦就互相寫信。為了避過維安人員的檢查，他們為自己的書信設計了一套特殊的密碼。

> 費曼與艾琳的愛情故事是很感人的。他們的結婚儀式就是在去醫院的路上舉行的（其實是非常簡單的儀式）。

1943 年春天，普林斯頓大學的科學家們被轉移到洛斯阿拉莫斯的實驗室，費曼非常不放心艾琳。曼哈頓計畫主持人歐本海默在洛斯阿拉莫斯以北 60 英里的阿布奎基找了一所醫院，讓艾琳住在那裡，這樣費曼就可以安心工作了。隨著第二次世界大戰進入白熱化，費曼的工作壓力越來越大，每次看到丈夫那瘦削的臉龐，艾琳都會心疼地問：「親愛的，你到底在做什麼工作，能告訴我這個祕密嗎？」每次，費曼總是一笑說：「對不起，我不能。」

1945 年 6 月 16 日，艾琳永遠地閉上了眼睛，那時他們結婚才三年，離即將要進行的第一次核試爆也只有一個月了。彌留之際，艾琳用微弱的聲音對費曼說：「親愛的，現在可以告訴我那個祕密了嗎？」費曼咬了咬牙，說：「對不起，我不能。」

1945 年 7 月 16 日清晨，一處祕密試驗基地，費曼和同事們親眼看到了那道強光穿透了黑暗，接下來，一片由煙霧和爆炸碎片構成的黑雲沖天而起，漸漸地形成了蘑菇雲……「親愛的，現在我可以告訴你這個祕密了……」

費曼喃喃自語道。突然間他意識到，艾琳已經不在了，淚水奪眶而出。

艾琳已經離開他很久了，費曼還給她寫信。像以前那樣，用只有他們倆才看得懂的文字。不同的是，每次寫完信，費曼都要在信的結尾加上一句：「親愛的，請原諒我沒有寄出這封信，因為我不知道你的新地址。」當費曼獲得諾貝爾獎而接受採訪時，他說：「我要感謝我的妻子……在我心中，物理不是最重要的，愛才是！愛就像溪流，清涼、透亮……」

7.3　相對論性量子力學

薛丁格建立的波動力學是非相對論性的。為了使本書更加完整，在這裡用一節的篇幅簡單介紹一下相對論性的量子力學波動方程式。物理系學生之外的讀者可以跳過去。

我們都知道，當粒子的運動速度遠比光速小的時候，相對論效應是很小的，可以忽略不計。這時，薛丁格方程式是一個很好的近似理論。但是，非相對論性的薛丁格方程式所描述的系統其粒子數是守恆的。所以它不能描述物理學中常見的粒子產生與湮滅的現象（這在高能物理領域是很常見的）。顯然，我們需要建立相對論性的波動方程式。

> 薛丁格的波動力學是非相對論性的。只有當粒子的運動速度遠比光速小的時候，相對論效應才是很小的，這時薛丁格方程式是一個很好的近似理論。

其實，在薛丁格方程式提出的同時，就有所謂的克萊恩—戈登（Klein-Gordon）方程式被提出：

$$-\hbar^2 \frac{\partial^2}{\partial t^2} \psi = (-\hbar^2 c^2 \nabla^2 + m^2 c^4)\psi$$

在這個方程式中，對時間和空間都是二階導數的。這與薛丁格方程式不同，在那裡對時間是一階導數的而對空間是二階導數的。最初，在將克萊恩—戈登方程式看成是描述單個粒子的運動方程式時遇到了困難。直到 1934 年，包立等人給方程式予新的解釋，才讓人意識到這是一個描述自旋為零，但質量不為零（$m \neq 0$）的粒子的方程式。

為了克服克萊恩—戈登方程式遇到的負機率的困難，狄拉克在 1928 年提出了關於電子的相對論性的波動方程式，被廣泛稱為狄拉克方程式。儘管把狄拉克方程式看成是單個電子的運動方程式最初存在負能級的困難，但是它還是取得了很大的成功，引起了巨大的關注，並在此後相當長的一段時間內被人們視為唯一可信的相對論性波動方程式。狄拉克方程式可以給出氫原子光譜的精細結構、電子的自旋和內稟磁矩，以及自旋—軌道耦合作用等一些重要的性質。狄拉克方程式還預言了正電子（即電子的反粒子）或反粒子的存在。1932 年，正電子被加州理工大學的 C.D. 安德森的實驗觀察到，安德森由此獲得了 1936 年的諾貝爾物理學獎。需要指出，單粒子理論還不能處理電子的反常磁矩、氫原子能級的蘭姆移動以及粒子的產生和湮滅等一些現象。

> 1928 年，狄拉克給出了一個電子運動的相對論性的量子力學方程式。過去只能從分析實驗結果中總結出來的很多基本性質，現在狄拉克方程式都能夠自動地導出。

在包立和魏斯科普夫（Victor　Weisskoft）的努力下（1934 年），人們終於認識到克萊恩—戈登方程式、狄拉克方程式以及馬克士威方程式都應

該理解為場方程式。這些方程式分別描述了自旋為零（但靜質量不為零）、自旋為 $\hbar/2$

以及自旋為 $\hbar$（但靜質量為零）的場。這些方程式也分別稱為標量場、旋量場和矢量場的場方程式。

7.4　量子力學看起來應該是這樣的

本書到現在為止只寫出非常少的一些方程式和公式，主要還是透過語言的平鋪直敘來表述。所以，各位可能會認為量子力學就是如本書到目前為止所敘述的那樣。實際上，用平常的語言是不可能完整地表達量子力學的，量子力學的語言是數學的。對於物理系、化學系或材料系的大學生來說，其實量子力學應該是以下這樣的。

> 薛丁格非常強調數學的功底。他對學生的建議是「第一年學好數學，除了數學不學其他；第二年還是學好數學，學得好了，第三年你們再來找我。」

對一個氫原子：

$$\hat{H} = \frac{\hat{p}_{\mathrm{N}}^2}{2M} + \frac{\hat{p}_{\mathrm{e}}^2}{2m} - \frac{e^2}{|r_{\mathrm{e}} - r_{\mathrm{N}}|}$$

取質心座標系：

$$\left(\frac{\hat{p}^2}{2\mu} - \frac{e^2}{r} \right) \psi(r) = E\psi(r)$$

這裡，$\mu = \dfrac{mM}{(m+M)}$，$r = r_{\mathrm{e}} - r_{\mathrm{N}}$。取球座標系：

$$\left\{ -\frac{\hbar^2}{2m}\left[\frac{\partial^2}{\partial r^2} + \frac{2}{r}\frac{\partial}{\partial r} + \frac{1}{r^2}\left(\frac{\partial^2}{\partial \theta^2} + \cot(\theta)\frac{\partial}{\partial \theta} + \frac{1}{\sin^2(\theta)}\frac{\partial^2}{\partial \varphi^2} \right) \right] - \frac{e^2}{r} \right\} \psi(r,\theta,\varphi)$$

$$= E\psi(r,\theta,\varphi)$$

分離變數：

$$\psi(r,\theta,\varphi) = R(r)Y_{lm}(\theta,\varphi)$$

得角度部分：

$$\frac{1}{\sin\theta}\frac{\partial}{\partial\theta}\left(\sin\theta\frac{\partial Y}{\partial\theta} \right) + \frac{1}{\sin^2\theta}\frac{\partial^2 Y}{\partial\varphi^2} + l(l+1)Y(\theta,\varphi) = 0$$

（略去大量的數學過程）得角度部分的解就是標準的球諧函數 $Y_{lm}(\theta，\varphi)$。

徑向方程式：

$$\frac{\mathrm{d}^2 R(r)}{\mathrm{d}r^2} + \frac{2}{r}\frac{\mathrm{d}R(r)}{\mathrm{d}r} + \frac{2\mu}{\hbar^2}\left(E + \frac{e^2}{r} - \frac{l(l+1)\hbar^2}{2\mu r^2} \right)R(r) = 0$$

作變數變換：$\rho = \left(\dfrac{8\mu|E|}{\hbar^2} \right)^{1/2} r$，則

$$\frac{\mathrm{d}^2 R}{\mathrm{d}\rho^2} + \frac{2}{r}\frac{\mathrm{d}R}{\mathrm{d}\rho} + \left(\frac{\sigma}{\rho} - \frac{l(l+1)}{\rho^2} - \frac{1}{4} \right)R = 0，其中 \sigma = \frac{e^2}{\hbar^2}\left(\frac{\mu}{2|E|} \right)^{1/2}$$

以上方程式的求解在數學上有標準做法。略去複雜的求解過程，最後結果為

$$E_n = -\frac{\mu e^4}{2\hbar^2}\frac{1}{n^2} \quad (n = 1, 2, 3, \cdots)$$

$$\psi(r, \theta, \varphi) = \sum_{n=1}^{\infty}\sum_{l=0}^{n-1}\sum_{m=-l}^{+l} a_{n,l,m}R_{n,l}(r)Y_{l,m}(\theta, \varphi)$$

來簡單討論一下這個結果：從一個定態薛丁格方程式 $\hat{H}\psi(\boldsymbol{r}) = E\psi(\boldsymbol{r})$ 的表觀上看，這個特徵值問題也就只能解出特徵值 E 和固有函數 $\psi(\boldsymbol{r})$ 了。可以看到，上面得到的能量的值（稱為能量特徵值）是一個個不連續的分立值，在原子中被稱為能級（像一級一級臺階一樣）。波函數 ψ 的表達式中為什麼有這麼多求和號？這又是 4.3 節中量子力學公設（2）的要求！我們已多次看到公設（2）的重要性了。

氫原子問題在量子力學的發展過程中曾經造成了舉足輕重的作用，它是極少數可以得出嚴格解的量子力學問題之一。理解氫原子對理解其他原子或離子都有非常重要的作用。對於攻讀量子力學課程的讀者來說，氫原子的求解是應該掌握的。

以上是一個普通量子力學的問題。可能更加重要的，量子力學還需要二次量子化的處理方式。這裡以哈伯德模型的哈密頓量為例。

考慮由 N 個原子組成的簡單晶體：

$$H = \sum_i h(\boldsymbol{r}_i) + \frac{1}{2}\sum_{i,j} V_{ij}$$

$$V_{ij} = \frac{e^2}{|\boldsymbol{r}_i - \boldsymbol{r}_j|}$$

為了簡單起見，只考慮單個未填滿的孤立 s 帶。這樣，在布洛赫表象中，哈密頓量的二次量子化的表達式為

$$H = \sum_{k,\sigma} E_k C_{k,\sigma}^+ C_{k,\sigma} + \frac{1}{2} \sum_{k_1,k_2,k_1',k_2'} \sum_{\sigma_1,\sigma_2} \langle k_1, k_2 | V | k_1', k_2' \rangle C_{k_1,\sigma}^+ C_{k_2,\sigma'}^+ C_{k_2',\sigma'} C_{k_1,\sigma}$$

其中，

$$\langle k_1, k_2 | V | k_1', k_2' \rangle = e^2 \iint \frac{\psi_{k_1}^*(\boldsymbol{r}) \psi_{k_2}^*(\boldsymbol{r}') \psi_{k_1'}(\boldsymbol{r}) \psi_{k_2'}(\boldsymbol{r}')}{|\boldsymbol{r} - \boldsymbol{r}'|} \mathrm{d}\boldsymbol{r} \mathrm{d}\boldsymbol{r}'$$

採用瓦尼爾表象：

$$\psi_k(\boldsymbol{r}) = \frac{1}{\sqrt{N}} \sum_i \mathrm{e}^{\mathrm{i}k \cdot \boldsymbol{R}_i} a(\boldsymbol{r} - \boldsymbol{R}_i)$$

以及

$$C_{i,\sigma}^+ = \frac{1}{\sqrt{N}} \sum_k \mathrm{e}^{-\mathrm{i}k \cdot \boldsymbol{R}_i} C_{k,\sigma}^+$$

$$C_{i,\sigma} = \frac{1}{\sqrt{N}} \sum_k \mathrm{e}^{\mathrm{i}k \cdot \boldsymbol{R}_i} C_{k,\sigma}$$

可得出瓦尼爾表象中的二次量子化的哈密頓量：

$$H = \sum_{i,j} \sum_{\sigma} T_{i,j} C_{i,\sigma}^+ C_{j,\sigma} + \frac{1}{2} \sum_{i,j,l,m} \sum_{\sigma_1,\sigma_2} \langle i, j | V | l, m \rangle C_{i,\sigma}^+ C_{j,\sigma'}^+ C_{m,\sigma'} C_{l,\sigma}$$

其中，

$$T_{i,j} = e^2 \int a^*(\boldsymbol{r} - \boldsymbol{R}_i) h(\boldsymbol{r}) a(\boldsymbol{r} - \boldsymbol{R}_j) \mathrm{d}\boldsymbol{r} = \frac{1}{N} \sum_k \mathrm{e}^{\mathrm{i}k \cdot (\boldsymbol{R}_i - \boldsymbol{R}_j)} E_k$$

$$\langle i, j | V | l, m \rangle = e^2 \iint \frac{a^*(\boldsymbol{r} - \boldsymbol{R}_i) a^*(\boldsymbol{r}' - \boldsymbol{R}_j) a(\boldsymbol{r} - \boldsymbol{R}_l) a(\boldsymbol{r}' - \boldsymbol{R}_m)}{|\boldsymbol{r} - \boldsymbol{r}'|} \mathrm{d}\boldsymbol{r} \mathrm{d}\boldsymbol{r}'$$

上式是個多中心積分，可以化成單中心、雙中心、……考慮一個窄帶，那麼單中心積分是最重要的，即

$$U \equiv \langle i,i|V|i,i \rangle = e^2 \int \frac{a^*(\boldsymbol{r}-\boldsymbol{R}_i)a^*(\boldsymbol{r}'-\boldsymbol{R}_i)a(\boldsymbol{r}-\boldsymbol{R}_i)a(\boldsymbol{r}'-\boldsymbol{R}_i)}{|\boldsymbol{r}-\boldsymbol{r}'|} \mathrm{d}\boldsymbol{r}\mathrm{d}\boldsymbol{r}'$$

假設只取這個單中心積分項，這就是哈伯德模型。那麼

$$H = \sum_{i,j}\sum_{\sigma} T_{i,j} C_{i,\sigma}^+ C_{j,\sigma} + \frac{U}{2} \sum_{i}\sum_{\sigma,\sigma'} C_{i,\sigma}^+ C_{i,\sigma'}^+ C_{i,\sigma'} C_{i,\sigma}$$

因為粒子數算符 $n_{i,\sigma} = C_{i,\sigma}^+ C_{i,\sigma}$，再考慮到電子的自旋只有兩個取值，而且由包立不相容原理，不能在同一個格點 i 上產生兩個自旋取向相同的電子，所以 $\sigma' = -\sigma \equiv \bar{\sigma}$。最後得

$$H = \sum_{i,j}\sum_{\sigma} T_{i,j} C_{i,\sigma}^+ C_{j,\sigma} + \frac{U}{2} \sum_{i}\sum_{\sigma} n_{i,\sigma} n_{i,\bar{\sigma}}$$

這就是著名的哈伯德模型的哈密頓量。它在凝聚體物理等領域中有非常重要的意義，在許多方面都有重要的應用。特別是在金屬—絕緣體相變以及狹帶磁性中，排斥勢 U 造成關鍵的作用。至於如何求解哈伯德模型，已超出本書的範圍。

從上面的討論看來，如果略去推導過程中的說明（這是完全可以的），那麼量子力學就只剩下一堆純粹的數學公式了。其實，量子力學也應該是這樣的，這是因為物理的語言就是數學，物理規律都必須用數學公式表達出來。用通常的語言可能永遠也無法說清楚一個數學公式所蘊含的所有意思。

> 物理學的語言是數學。所以，量子力學看起來可以完全是數學公式的堆砌。透過語言的平鋪直敘無法完整地描述量子力學。

7.5　密度泛函理論

　　很多時候我們遇到了問題，量子力學的原始方程式可能只是在牆壁上畫了一個餅，它根本就沒有辦法吃。也就是說，相應的薛丁格方程式會過於複雜而根本無法求解。事實上，這個世界上目前可以解析求解（或稱嚴格解）的實例是非常有限的，其中最重要的例子是氫原子。氫原子僅由一個質子和一個電子構成，是一個二體問題，所以是可以嚴格求解的。但是，對於氦原子，有一個核和兩個電子，這樣的三體問題目前就沒有嚴格解。更不用說一個簡單的氫分子，含有四個粒子，也沒有解析解。這樣看來，對量子力學的基本方程式作近似求解是很有必要的。

> 透過薛丁格方程式能夠進行嚴格求解的實例是非常有限的，所以對量子力學的基本方程式進行近似求解是非常必要的。

　　讓我們來看一個很著名的例子，這就是所謂的密度泛函理論（density functional theory，DFT）。我們早已知道，直接使用薛丁格方程式處理固體材料的問題是非常困難的（看來是不可能的），所以必須發展出有效的近似計算方法。在重要的近似方法中，密度泛函理論可以給出很直觀的說明，易於理解。科恩（圖 7.5）就因為對密度泛函理論的根本性貢獻，獲得 1998 年的諾貝爾化學獎。沃爾特·科恩 1923 年 3 月出生於世界名城維也納的一個猶太人家庭。16 歲時科恩從納粹統治下的奧地利逃亡到了加拿大，而他的父母均在納粹集中營被

圖 7.5　科恩

殺害。這一悲慘的遭遇一直影響著科恩的一生和他的政治態度。科恩曾經參加了第二次世界大戰，戰後進入加拿大的多倫多大學深造，於 1945 年獲得學士學位，1946 年獲得碩士學位。1948 年，他在哈佛大學獲得博士學位。科恩曾在哈佛大學，卡內基—梅隆大學以及加利福尼亞大學的聖塔芭芭拉分校任教。

固體材料是由大量原子構成的，處理這樣的多粒子體系的出發點當然還是系統的薛丁格方程式：

$$\hat{H}\psi\left(r, R\right) = E\psi\left(r, R\right)$$

其中，

$$\hat{H} = -\sum_i \frac{\hbar^2}{2m_e} \nabla^2_{ri} - \sum_j \frac{\hbar^2}{2M_j} \nabla^2_{R_j} + \frac{1}{2}\sum_{i \neq i'} \frac{e^2}{\left|r_i - r_{i'}\right|} + \frac{1}{2}\sum_{j \neq j'} \frac{Z_j Z_{j'} e^2}{\left|R_j - R_{j'}\right|} - \frac{1}{2}\sum_{i,j} \frac{Z_j e^2}{\left|r_i - R_j\right|}$$

上式中每一項的求和都是對大數的求和（每一項的含義就不予說明了，相信有量子力學和物理基礎的人很容易就看出其意義），這個大數約為 10^{23}。我們寫出這個複雜的數學公式並沒有實在的意義，用意就是要告訴大家，這樣的系統有多麼的複雜。顯然，直接求解以上問題的薛丁格方程式是不可能的（如果不是，可能性也是極小的，因為哈密頓算符實在是太複雜了）。在這裡，我們將說明，在密度泛函理論的近似下，上面的問題是可能得到求解的（哪怕還存在一點近似）。

在 5.6 節中，我們曾經將量子力學的主要數學框架用三句話來表述（讀者可以好好地回顧一下）。在這裡，我們也可以將密度泛函理論的數學框架用三句話表述出來。現在，讓我們來看一下原始的量子力學的「三句話」與密度泛函理論的「三句話」的對比：

量子力學

1. Ψ 是體系的基本量

2. 基本量 Ψ 滿足薛丁格方程式

3. 力學量的平均值 $\bar{F} = \int \psi^* \hat{F} \psi \mathrm{d}\tau$

密度泛函理論

1. 密度 ρ 是體系的基本量

2. 基本量 ρ 滿足科恩—沈呂九方程式

3. $\bar{F} = F[\rho] \approx F(\rho)$

在這裡，密度 ρ 是波函數的平方。從上述的對比可以看出密度泛函理論與原始的量子力學方法之間的差別。

1. 體系的基本量變了。這是一個「巨大的」變化！量子力學中的基本量是波函數 Ψ，整個量子力學體系都是從這個波函數延伸開來的。但是，在密度泛函理論中，基本量已經不再是波函數 Ψ 而是波函數的平方 ρ 了。可以想見，密度泛函理論與原始的量子力學會是多麼的不同！至於為什麼系統的基本量可以變化？這要歸結到霍恩伯格—科恩（Hohenberg-Kohn）定理上（超出了本書的內容範圍）。

2. 求解的基本方程式變了。量子力學是求解薛丁格方程式，而密度泛函理論則求解科恩—沈呂九（Kohn-Sham）方程式。為什麼基本方程式也變了？當然是因為基本量已經變了，相應地基本量必須滿足的基本方程式也會變化。科恩—沈呂九方程式就是密度 ρ 應該滿足的方程式，它由科恩和沈呂九在 1965 年導出。

3. 求解基本方程式後，求力學量的平均值的辦法也改變了。量子力學中，力學量的平均值等於力學量相應的算符與波函數間的一個積分。而在密度泛函理論中，為了得到力學量的值，人們必須「尋找到」該力學量與密度 ρ 之間的函數關係。有點遺憾的是，有的物理量至今我們還沒有找到它們與密度之間的精確關係，例如交換關聯能（自然地，總能與密度之間的精確關係也是未知的）。

> 改變量子力學體系的基本量，使基本量不再是原來的波函數，可以是一件獲得諾貝爾獎的事情。

近年來，電腦技術得到了飛速發展，計算能力得以大幅提高。基於密度泛函理論（而它又是基於量子力學的基本方程式）的計算已經越來越多地應用到表面、固體、材料的設計、合成、模擬以及大分子等諸多方面的科學研究中。現在，密度泛函理論已經發展成為計算物理、計算化學、計算材料學甚至是計算生物學的一個非常重要的基本方法。總結一下，完全從量子力學的基本方程式出發，你可能根本就無法下手，你遇到的數學問題的複雜程度可能遠遠超出目前人類的數學能力。但是，容忍一定的近似，便可能透過量子力學的基本方程式發展出一套有效的求解方法，密度泛函理論便是一個很好的例子。這就是為什麼這個理論方法能夠獲得諾貝爾獎的原因。很可惜，這類非常有效的近似理論還很少。可以說，如果能夠犧牲一點求解的精度，從而換來一個複雜問題的近似解，那將是非常划算的。

> 基於密度泛函理論的計算方法已經快速發展成為物理學、化學、材料學以及其他工程領域的一個「標準工具」。

正因為密度泛函理論（DFT）是基於薛丁格方程式之上的一個近似理

219

論，所以 DFT 計算並不是對薛丁格方程式的精確解。可以說，無論何時進行 DFT 計算，在 DFT 得到的能量與薛丁格方程式真實的基態能量之間都存在差別。目前，除了與實驗結果進行仔細的比較之外，還沒有什麼好辦法來直接估算這個差別。

7.6　量子力學的隨機性、疊加性和非定域性

關於量子力學的哲學以及邏輯，是一個非常大的話題，哪怕只是略微完整地討論這個題目都已經超出了這樣一本科普書的範圍。但是，似乎完全不討論量子力學的邏輯和哲學也是不合適的，這就是寫作本節的原因。

學習量子力學時任何人都無法完全擺脫它的哲學問題。由於量子力學的哲學或許相當深奧，所以，如果我們不熱心信奉或專注於什麼特殊的哲學觀點的話，多數人可以採取一種樸素的哲學觀，就是一種自發唯物主義的樸素的哲學觀。這種哲學觀點也被稱為「庸俗哲學」，它既不夠精細，也不夠深刻。其實，大部分的物理學家都持有平庸而通俗的哲學觀點。值得一提的是，研究量子力學中的哲學和邏輯問題既需要很深的哲學素養，也需要很高的物理造詣。否則，僅憑一知半解就大發議論，其結果既敗壞了哲學，也會糟蹋了量子力學（本書所發的議論，主要來自目前主流的說法）。

量子力學最主要的方面應該是它的隨機性、非定域性和疊加性。所以，在這裡我們也按照這些重要的特性來展開討論，以幫助理解量子力學中主要的邏輯和哲學問題。

首先，我們來看量子力學中的隨機性。在古典物理學中，占主導地位是所謂的拉普拉斯決定論，該決定論認為，宇宙就像時鐘那樣運行，某一時

刻宇宙的完整訊息能夠決定它在未來和過去任意時刻的狀態。或者說，存在一組科學定律，只要我們完全知道宇宙在某一時刻的狀態，我們便能依照這些定律預言宇宙將會發生的任何一個事件。可見，古典物理學是宿命論的。在量子力學中，拉普拉斯決定論已經不再成立，現在占支配地位的是統計確定性。在微觀世界裡，我們已經無法預言一個微粒的運動（即便說想預言的話，那也只能說是統計學意義上的預言）。按照薛丁格方程式和玻恩對波函數 ψ 的機率解釋，微觀世界的規律存在完全的隨機性。例如，沒有人能夠預見一個放射性原子何時會衰變。量子力學中有測不準原理，而測不準原理是與物質的波粒二象性相聯繫的。當你觀測物質時，不確定性的存在可以說是絕對的。只要你去觀察它，它就存在不確定性。當然，如果你不去觀測它，在量子力學中，說什麼都是沒有意義的。量子力學說明了微觀世界內在的隨機性。可以這樣思考一下，如果量子力學中沒有了完全的隨機性，那麼所有的系統就都具備了決定性，這樣就會退回到古典力學了。

> 如果一個系統中沒有了完全的隨機性的部分，那麼系統所有的部分就都具備了決定性，這樣就退回到了古典力學。這是需要強調的。

古典物理學描述的系統具有決定性，而量子力學描述的體系具有隨機性，這也可以從它們的基本運動方程式的角度來看。無論是牛頓運動方程式還是馬克士威方程式組等大家熟知的方程式，方程式中的各種基本變數都是實在的真實的物理量，方程式的解都是物理量隨空間和時間的真實演變。但是對於量子力學的基本方程式 —— 薛丁格方程式來說，方程式中最基本的量是態函數 Ψ，而它並非真實的物理量。可以認為，態函數本身並沒有直接

的物理意義，只是它的平方 $|\Psi|^2$ 才可以解釋為找到粒子的機率。有了這個波函數 Ψ 的機率解釋，從一開始占支配地位的便自然是統計決定性了。玻恩說過：「粒子運動遵循機率定律，而機率本身按照因果律傳播。」玻恩的意思就是說，薛丁格方程式是機率按照因果律演變的方程式。

現在，我們討論量子力學中的非定域性（也有人稱「非全域性」），這或許本來不應該算是一個哲學問題，只是因為我們對這種非定域性的本質還搞不清楚而已。對於大多數人甚至是從事物理的人來說，非定域性可能用到的並不多。當然，從事這方面工作的人正在迅速增加，因為量子纏結、量子通訊、量子金鑰和量子運算等在現代社會中變得越來越重要了。

那麼，物體之間是如何實現相互作用的呢？物理學（包括相對論）認為，相互作用的個體之間必須交換某種媒介粒子，這樣才能夠傳遞相互作用。這是一個簡潔（但需要一點點腦力）的邏輯：如果兩個個體之間沒有任何的物質（粒子）交流，那麼憑什麼一個個體能夠「感覺」到另外一個個體傳來的作用（力）呢？或者說，一個個體必須受到另一個個體發來的粒子的「衝擊」，才能感覺到另一個個體傳來的作用力。弱力、強力與引力、電磁力有本質的不同，前兩者是短程力，後兩者是長程力。剛才提到，不同的相互作用是透過傳遞不同的媒介粒子而實現的。引力相互作用的傳遞者是引力子；電磁相互作用的傳遞者是光子；弱相互作用的傳遞者是規範粒子（光子除外）；強相互作用的傳遞者是介子。引力子和光子的靜質量為零，按照愛因斯坦的理論，引力相互作用和電磁相互作用的傳遞速度都是光速。力與傳遞粒子的靜質量和能量有關，因而其傳遞速度是多樣的。交換的媒介粒子質量越大，力程越短，所以強力和弱力所傳遞的都是有質量的粒子。由於相對論要求任何粒子的運動速度不得超過光速，所以說，相互作用也不可能是瞬間的，或者

說相互作用不可能是超距的。這種相互作用不能是超距的說法，就是古典物理學的「定域性」。

> 量子纏結所描述的是兩個或更多個粒子量子態之間的高度關聯。這種關聯是古典粒子所沒有的，是僅發生於量子系統的獨特現象。

在量子力學中，卻存在著一種「怪異」的現象，就是有一種跨空間、瞬間影響個體雙方的似乎違背了狹義相對論的量子纏結存在。這種所謂的「超距作用」（只是看起來像是超距作用）就是量子力學的「非定域性」。我們在第 6 章對量子纏結現象已經做了非常仔細的討論。「非定域性」是量子論的一個數學推論，並且已經獲得實驗的驗證。這種幽靈似的關聯作用顯得可以藐視時空的限制，似乎無需借助物理力就可以在兩個相距遙遠的事物之間瞬間地傳遞「相互作用」。理論上，在粒子的纏結態被測量以後，它們仍能處於纏結態中。量子力學的數學框架是健全的，並能很好地描述所有那些奇異現象。但是，量子纏結是我們人類還不能完全想像的一個由量子力學導出的現象。不過，在量子力學面前，也許也沒什麼可大驚小怪的吧。由於我們在直覺上理解量子力學還存在一些難度，這是否暗示了有某些更進一步的真理尚未被人們所了解。

> 波耳的名言：「如果誰不為量子論而感到困惑，那他就是沒有理解量子論。」所以，「量子力學的本質」這個問題是相當深奧的問題。

最後討論量子力學中的疊加性。實際上，我們已經在 5.2 節中仔細討論了「態疊加原理」。在古典物理中，當我們討論波的疊加時，指的都是某種物

理實在的疊加；而在量子力學中討論波的疊加時，都是指波函數的疊加。可見量子力學中態的疊加性與古典物理中若干波的疊加是完全不同的。重要的是，波函數本身並不直接對應著物理實在，而只有它的平方才對應著一種機率。總結一下量子力學的疊加性：當粒子處在線性疊加態 Ψ 時，粒子是既部分地處於第一個態 ψ_1（本徵態），又部分地處在第二個態 ψ_2……又部分地處在第 n 個態 ψ_n……只有對系統進行測量之後，才知道得到的值是特徵值 A_1，還是 A_2……還是 A_n。

可見，態疊加原理是與測量密切聯繫在一起的一個基本原理。而測量理論還是一塊尚未成熟也未取得一致意見的研究領域（會自然而然地聯繫到波函數的「塌縮」問題）。繞過這一塊還沒有完全搞清楚的領域，並不會妨礙我們利用現有的量子力學框架實現理論與實驗結果的比較。還沒有聽說過因為未學習測量理論，而無法利用現在的量子力學求解實際的問題。總之，測量理論屬於深入一步的探討，它對量子力學哲學問題的研究當然是值得尊敬的。但是，在很大程度上它是可以跟現階段的成熟的量子力學區分開來的。

> 古典科學有很多基本的法則，諸如實在性、決定論、因果律和局域性等，對這些法則的堅持或摒棄造成了對量子力學的不同解釋，使量子理論成為爭論不休的根源。

量子力學是認真的、嚴謹的和實事求是的。而且，量子力學總還在進步著，儘管有時候是艱難和緩慢的。對於量子力學理論體系的邏輯學研究，包括了一整套公理化體系的建立，這已經形成了一門叫做「量子邏輯」的研究領域，它超出了本書的範圍。

第 8 章　今日的量子

8.1　量子力學和相對論的不相容

　　量子力學和相對論是現代物理學的兩大支柱，但是越來越多的物理學家認識到，這兩個基本理論的基礎是有矛盾的。應該指出，我們通常所說的「量子力學與相對論的不相容」，嚴格地說，應該是「量子場論與廣義相對論之間的不相容」（廣義相對論著名的效果 —— 「光線彎曲」，參見圖 8.1）。狹義相對論和量子力學完全是相容的，量子場論就是所謂的相對論性的量子力學。量子力學與狹義相對論的這個成功結合，早在六十多年前就完成了。

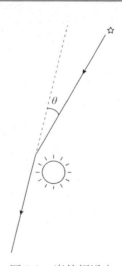

圖 8.1　光線經過太陽邊上時的彎曲

　　人類對於完美的物理學有不懈的追求，我們一直都在尋求量子力學與相對論的完整統一。

　　廣義相對論和量子場論在各自的領域內都經受了無數的實驗檢驗，迄今為止，還沒有任何確切的實驗觀測與這兩者之一相矛盾（這似乎是一個理論超前於實驗的時代）。我們尋求量子力學與相對論的完整統一，來自於我們對完美物理學的不懈追求。將廣義相對論和量子場論簡單地合併起來作為自然圖景的完整描述還存在很多難以克服的困難，這歸結於廣義相對論和量子場論彼此間在本質上並不相容。現在看來，廣義相對論和量子場論都不可能是物理理論的終結，尋求一個包含廣義相對論和量子理論基本特點的更普遍的理論是一種合乎邏輯的努力。

　　愛因斯坦最早注意到量子力學與相對論的不相容性。在 1927 年的第五屆索爾維會議上，愛因斯坦指出，如果量子力學是描述單次微觀物理過程的理論，則量子力學將違反相對論。1935 年，在論證量子力學不完備性的 EPR 文章中（參見 6.1 節），愛因斯坦再一次揭示了量子力學的完備性跟相對論的定域性假設之間存在矛盾。在愛因斯坦看來，相對論當然無疑是正確的，而量子力學違反相對論必然是不正確的，或者至少是不完備的。1964 年，貝爾提出了著名的貝爾不等式，進一步顯示了相對論所要求的定域性與量子力學非定域性之間的深刻矛盾，並提供了利用實驗來進行判決的可能性。根據貝爾的分析，如果量子力學是正確的，它必定是非定域的。1982 年，阿斯佩等人的實驗結果證實了量子力學的預言，顯示了量子非定域性的客觀存在。

　　儘管量子非定域性的存在已經為實驗所證實，然而，量子力學與相對論的不相容問題至今仍然沒有得到滿意的解決。根本原因在於，一方面，量子力學的理論基礎似乎還沒有堅實地建立起來，另一方面，量子力學所蘊含的非定域性與相對論的定域性又暗示了相對論的普適性同樣受到懷疑。

　　總之，廣義相對論和量子場論的理論基礎是有衝突的，不相容性主要體

現在：相對論的定域性（即沒有超距的相互作用）和量子力學的非定域性（例如量子纏結）之間的矛盾。除了這個本質上的矛盾之外，兩套理論還有一些很不同的「哲學」。

> 描述微觀世界的量子力學與描述宏觀引力的廣義相對論在根本上有衝突，例如量子力學的非定域性和廣義相對論的定域性。這意味著二者不可能都完全正確。

1. 在量子理論中，引力場作為相互作用出現。而在廣義相對論中，引力作為質量導致時空扭曲的效應出現。在量子理論中，波函數 Ψ 是一個存在於位形空間的函數（而不是一個真實空間的函數，雖然單電子問題很容易使我們感到困惑），量子態生存的空間除了四維時空外，還有自旋空間等。而在廣義相對論中，只有時空的四維黎曼（Riemannian）流形是最基本的。

2. 在量子理論和廣義相對論中對時間的處理是不一樣的。薛丁格方程式中對時間是一階導數的，而對空間是二階導數的。在相對論中，對時間和空間的處理是一樣的。

3. 在量子理論中，存在測不準原理，在引力的作用下，這個關係不再成立。廣義相對論中，時空中每一點的度規張量份量值都是確定值，而按照量子論，由於不確定性關係的影響，每一時空點的度規值沒有確定值。

上面說的這兩套理論之間存在矛盾，並不代表它們是不可調和的。量子力學和相對論都應該是相對真理，它們都還需要發展。因此，尋求一個包含廣義相對論和量子理論基本特點的更普遍的理論似乎是需要的。弦論就是現今最有希望將自然界的基本粒子和四種相互作用力統一起來的理論。所以，

227

在這裡作簡單的介紹。

> 弦論試圖解決表面上並不兼容的兩個理論 —— 量子場論和廣義
> 相對論 —— 之間的矛盾，希望創造出描述整個宇宙的「萬物
> 理論」。

弦理論認為自然界的基本單元不是電子、光子、微中子和夸克之類的粒子，這些看起來像粒子的東西實際上都是由振動方式不同的閉合弦構成的。但是這一理論至今未能得到實驗確切的證明，因為人類還沒有足夠先進的粒子對撞機。關於弦理論提出的十維空間，人類正在探索中，因為高維空間是所有生活在三維世界的人所理解不了的。

讓我們來看看弦論以及當代物理學給我們描繪的大統一的世界。

在宇宙的極早期，即在宇宙誕生的 10^{-43} 秒內，它的直徑僅有 10^{-33} 公分，這時我們的空間是十維的，所有的空間維數都平等地蜷縮在一起。因為宇宙的能量極高（溫度極高），這樣的空間中所有的四種力都融為一體，廣義相對論和量子理論可以歸結為一個理論（超大統一，參見圖 8.2）。但是，這樣的高維度、高能量的空間是極不穩定的，於是大爆炸發生了。維度被解散、溫度降低。三維的空間和一維的時間無限延伸開來，逐漸形成了我們今天可感知的宇宙；而另外六維的空間則仍然蜷縮在普朗克尺度（即 10^{-33} 公分）以內。

> 宇宙大爆炸理論是一個極為成功的理論，雖然有很多人並不了解
> 也不相信這個理論。

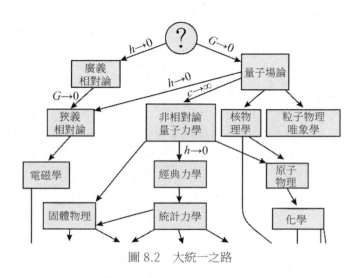

圖 8.2 大統一之路

h 為普朗克常數，c 為光速，G 為引力常數

當宇宙降溫到 10^{32}K（開氏度）這樣極高的溫度時，引力與其他大統一力分離開來，引力隨著宇宙的膨脹而不斷延伸為長程力。隨著宇宙進一步地脹大和冷卻，其他三種力也開始分裂，強相互作用力和弱電相互作用力也開始剝離開來。當宇宙產生 10^{-9} 秒之後，它的溫度降到了 10^{15}K，這時弱－電相互作用力也破缺為電磁力和弱相互作用力。在這一溫度，所有四種力都已相互分離，宇宙成了由自由夸克、輕子和光子組成的一鍋「湯」。稍後，隨著宇宙進一步的冷卻，夸克組合成了質子和中子，它們最終形成了原子核。在宇宙產生 3 分鐘後，穩定的原子核開始形成。

當大爆炸發生 30 萬年後，最早的原子問世。宇宙的溫度降至 3000K，氫原子可以形成，其不至於由碰撞而破裂。此時，宇宙終於變得透明，光可以傳播數光年而不被吸收。在大爆炸發生 100 億年至 150 億年後的今天，宇宙驚人的不對稱，破缺致使四種力彼此間有驚人的差異。原來大爆炸時的極

高溫現在已冷卻至 3K，這已接近 0K。這就是宇宙簡要的演變史，可見隨著宇宙的漸漸冷卻，力都解除了相互的纏結，逐步分離出來了。

雖然多數人並不了解弦論中深奧的數學，弦論的含義在最近的一些年裡還是得到了「足夠的」普及。簡單敘述一下弦理論的發展史還是必要的。

1968 年，年輕的理論物理學家韋內齊亞諾正在努力搞清楚實驗觀測到的強核力的各種性質。一天，他驚奇地發現，著名數學家歐拉在 200 年前因純粹的數學目的而構造的一個公式 —— 所謂的歐拉 β 函數 —— 似乎一下子就描寫了強相互作用的大量性質。韋內齊亞諾的發現將強力的許多性質納入了一個強而有力的數學結構中，並掀起一股熱浪。歐拉的 β 函數似乎很有用，但沒人知道為什麼。那時，β 函數還是一個等待解釋的公式。到 1970 年，芝加哥大學的南部陽一郎、尼爾斯・波耳研究所的尼爾森和史丹佛大學的色斯金（Leonard Susskind）揭示了藏在歐拉公式背後的物理祕密。他們證明了，如果用小小的一維振動的弦來模擬基本粒子，那麼它們的核相互作用就能精確地用歐拉函數來描寫。他們論證說，這些弦足夠小，看起來仍然像點粒子，所以還是能夠與實驗觀測相符。

雖然強作用力的弦理論直觀、簡單和讓人滿意，但是 1970 年代的實驗表明，弦模型預言的「某個數」直接與觀測結果相矛盾。很多研究者於是離開了這個領域，不過，有幾位虔誠的研究者還在守著它。例如，施瓦茨（John Schwartz）就覺得「弦理論的數學結構太美了，還有那麼多奇妙的性質，一定隱含著什麼更深層的東西」。1974 年，施瓦茨和謝爾克在研究了信使粒子一樣的弦振動模式後，發現它完全符合假想的引力的信使粒子 —— 引力子（它的性質正好透過一定的弱振動模式實現）。在這個基礎上，謝爾克和施瓦茨提出，弦理論最初的失敗是因為我們不恰當地限制了它的範圍。他們

斷言，弦理論不單是強力的理論，也是一個包含了引力的量子理論。但是，令人失望的是，1970 年代末和 1980 年代初的研究證明，弦理論和量子力學遭遇了各自微妙的矛盾。

> 弦理論似乎不單是強力的理論，也是一個包含了引力的量子理論。但是，有研究表明，弦理論和量子力學遭遇了各自微妙的矛盾。

直到 1984 年，情況才有了變化。格林和施瓦茨經過十多年艱苦的研究，終於在一篇里程碑式的論文裡證明了，令弦理論困惑的那個微妙的量子矛盾是可以解決的。而且，他們還證明，那個理論有足夠的能力去容納四種基本力。之後，許許多多的粒子物理學家停下他們的研究計畫，湧向這最後一個理論的戰場。格林和施瓦茨的勝利甚至也感染了一年級的研究生。從 1984 年到 1986 年，是所謂的「第一次超弦革命」時期。在那三年裡，全世界的物理學家為弦理論寫了一千多篇研究論文。這些研究明確地證明，標準模型的許多特徵簡單地在弦理論中自然出現了。而且，對很多性質來說，弦理論的解釋比標準模型更完美，更令人滿意。這些成果使許多物理學家相信弦理論能夠成為一個終極的超大統一理論。

在理論物理學中，我們經常遭遇的是難解或難懂的方程式。弦理論的情形則更加困難，它連方程式本身都很難確定，至今也只是導出了它的近似形式。於是，弦理論家們只限於尋找近似方程式的近似解。但是，在第一次革命的巨大進步之後，物理學家們發現，他們的近似解不足以回答擋在理論前頭的許多基本問題。但是除了近似方法，物理學家們尚找不到別的具體方法。漫長平淡的日子過後總會迎來重大的發現。大家都明白，我們需要強而有力的新方法來超越過去的近似方法。1995 年，在南加利福尼亞召開的「弦

1995 年會」上，威騰（圖 8.3）作了一個令在場的
世界頂尖物理學家們大吃一驚的演講，宣布了「第
二次超弦革命」的開始。可以預見，雖然全世界
的超弦理論家們都還面臨著前進路上的考驗，但
是勝利的曙光總還會看到的。更多的內容就不予
敘述了。

> 雖然研究超弦的理論家們都面臨著前進路上
> 的許多考驗，但是勝利的曙光總會看到的。

圖 8.3　威騰

可能有很多人認為，弦論是目前無法被實驗驗
證的大統一理論，因為弦論所對應的能量區域是非
常非常高的。但是，得益於弦論中引力全息對偶的研究進展，理論物理的各
個領域已經不再孤立，而是被聯繫成一個整體，弦論也不再是孤立於其他理
論的孤島。

8.2　當今的物理學

當今物理學的研究範疇非常廣，研究內容多到無法沒有遺漏地列出。研
究內容從尺度上看，包括了從尺度極小的基本粒子領域一直到宇宙尺度的宇
宙學領域；從時間上看，包括了從時間極小的非常早期的宇宙到宇宙現在和
將來的演化；從能量上看，從能量很小的宇宙背景輻射到黑洞等。我們知道，
目前看來量子力學在除了引力之外的所有領域都是適用的，而引力則是廣義
相對論適用的領域。

> 追求各種相互作用的統一，在愛因斯坦和海森堡那裡就開始了。
> 要實現這個夢想，就需要把量子論和相對論結合在一起，創造出
> 一個量子引力理論。

讓我們來看看當今物理學科的現狀，以下的專題包括（從這個角度應該能夠比較全面地看到當今物理學科所覆蓋的範圍）：

A：粒子物理、場論與宇宙學；

B：核物理與加速器物理；

C：原子分子物理；

D：光物理；

E：電漿體物理；

F：奈米與介觀物理；

G：表面與低維物理；

H：半導體物理；

I：強關聯與超導物理；

J：磁學；

K：軟凝聚體物理與生物物理；

L：量子訊息；

M：計算物理；

N：統計物理與複雜體系；

O：電介質物理；

P：液晶；

Q：超快物理；

R：使役條件與極端條件物理。

從這些專題的設立可以看出，當今物理學研究的所有的專題都離不開量子力學。換句話說，量子力學已經深入到微觀、介觀和宏觀領域的所有基礎的和技術的或應用的領域。

現在，自然界中的基本相互作用可以分為：庫侖相互作用、弱相互作用、強相互作用和引力相互作用。1967 ～ 1968 年，美國的溫伯格和巴基斯坦的薩拉姆提出了統一電磁力和弱力的「弱電統一理論」。據此，溫伯格、薩拉姆和格拉肖三位理論物理學家共享了 1979 年的諾貝爾物理學獎。這個理論表明，在某些條件下，某種相互作用可以表現為庫侖力，而在另外的條件下，這種相互作用又表現為弱相互作用力。目前，加上強相互作用力，一些物理學家正在探索一個所謂的「大統一理論」，即包括電磁力、弱力和強相互作用力的統一理論。從目前被稱為「標準模型」的理論來看，在現有量子力學的理論框架下就可能統一這三種相互作用力。此外，更吸引眼球的是，一群物理學家正在追求把四種相互作用力全部統一起來的所謂「超統一理論」。超統一理論需要說到 8.1 節敘述的弦論，因為弦論是現在最有希望將自然界的基本粒子和四種相互作用力都統一起來的理論。弦論誕生於 1960 年代末，是現代高能理論物理最激動人心的進展之一。弦論的一個基本觀點是，自然界的基本單元不是電子、光子、中微子和夸克之類的點狀粒子，而是很小很小的線狀的「弦」，弦的不同振動和運動產生出各種不同的基本粒子。目前看來，這些探索能否成功尚無定論。

> 弦論的基本觀點是：自然界的基本單元不是電子、光子、微中子和夸克之類的點狀粒子，而是很小很小的線狀的「弦」，弦的不同振動和運動產生了各種不同的基本粒子。

追求相互作用的統一（統一場論），在愛因斯坦和海森堡那裡就開始了。但是在愛因斯坦的年代，人們對弱相互作用和強相互作用還不了解，這就很大程度上決定了愛因斯坦希望直接統一引力相互作用和電磁相互作用將變得非常困難。有人說，愛因斯坦總是在「木板最厚的地方釘釘子」。愛因斯坦的後半生就一直在做這件非常困難的事情。雖然愛因斯坦努力探索了三十年，最終也沒有成功，但是他開拓的研究方向卻極其重要，也是人類科學研究的「終極」目標。

在我們探索宇宙的時候，有兩個方向。一方面，我們在非常努力地尋找能夠描述整個宇宙的越來越一般的方程式。每次我們能夠更深層次地理解了宇宙在微觀和宏觀上的結構，就為人類提供了更加強而有力地改造世界的可能性。這類的例子不勝枚舉，從蒸汽機以及各類動力裝置到電腦、手機等各種發明，無不巨大地改變了人類的生產和生活方式。但另一方面，我們越是往最基本的方程式靠近一步，我們就離「使用更深層次的基本方程式構造我們所想要的東西」更遠。例如，使用夸克為我們服務就比使用電子為我們服務要難得多。

量子力學在解決天文學和宇宙學中的基本問題方面，有著根本的重要性。反過來說，宇宙學和天文學也可能對理解量子力學的某些基本概念有重要幫助。有人就提出，波函數的塌縮（原本被認為是完全假想中的概念，卻是真實發生的物理過程），這種過程可以透過宇宙微波背景輻射觀察到。所以，量子力學似乎也可以在宏觀方向上拓展。當我們研究宇宙的起源與演化時，由於在宇宙最初誕生時，宇宙空間呈微觀狀態，愛因斯坦的廣義相對論無法說明其狀況。這時，我們就必須借助於量子力學來解決問題。當宇宙演化成宏觀狀態時，它的演化就可由廣義相對論予以說明了。

　　2015 年 9 月 14 日，美國的雷射干涉重力波天文臺（LIGO）首次直接探測到雙黑洞合併而產生的重力波（本事件的主要貢獻者獲得了 2017 年的諾貝爾物理學獎）。重力波（圖 8.4）的發現證實了愛因斯坦一百年前所作的預測，彌補了廣義相對論實驗驗證中最後一塊缺失的拼圖。由於這個重力波信號來自雙黑洞的合併，因此只會出現重力波，而無法發射電磁輻射。因而，天文學家希望能夠從中子星的合併中探測到重力波。這類事件除了能夠引起重力波外，還能發射出電磁波段的輻射 —— 從無線電波到 γ 射線。2017 年 8 月 17 日，LIGO 和 Virgo 天文臺在 1.3 億光年之外的 NGC 4993 星系內首次探測到了兩顆中子星的合併。此次事件被命名為 GW170817，事件產生了重力波和電磁輻射，在該事件兩秒後發生了一次伽馬射線暴。由於這個重力波新事件意義重大，天文學界使用了大量的地面望遠鏡和空間望遠鏡進行觀測。但在重力波事件發生時，僅有 4 臺 X 射線和伽馬射線望遠鏡成功監測到爆發天區。如果說，測量到從黑洞發出的重力波是廣義相對論的勝利，那麼這次中子星合併的觀測也可以說是廣義相對論和量子力學雙劍合璧的勝利。這個重大發現讓人們能夠了解中子星的成分，而且對宇宙中重元素的起源，有了新的實驗證據。而且，對宇宙膨脹的速率，以及宇宙的年齡又多了一個獨立的測量方法。透過重力波和電磁波的到達時間，人們對重力波的速度也有了新的測量，使人類對宇宙的起源、演化和成分有了更深入的了解。

> 2015 年測量到從黑洞合併發出的重力波是廣義相對論的勝利，而 2017 年中子星合併的觀測可以說是廣義相對論和量子力學雙劍合璧的勝利。

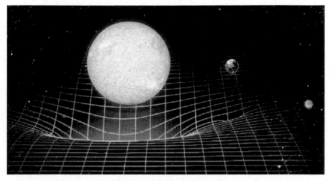

圖 8.4 重力波示意圖

重力波的發現似乎越來越證明了廣義相對論的正確性和精確性。在另一方面，我們也知道，量子力學在微觀世界領域的精確性也已經得到非常廣泛的證明。但是，廣義相對論和量子力學是不相容的（還存在不可調和的矛盾，請參考 8.1 節），例如廣義相對論是定域性的，而量子力學是非定域性的。相對論和量子力學是現代物理學的兩大支柱，這兩大支柱的理論基礎應該如何調和呢？如何將廣義相對論和量子力學統一起來是物理學的未來和夢想。

最後，在談到當今的物理學時，暗物質和暗能量（圖 8.5）是應該提到的。20 世紀初物理學的天空上有「兩朵烏雲」，一朵與「乙太」有關並由此最終產生了狹義相對論；另一朵是黑體輻射，並由此最終產生了量子力學。21 世紀初也有兩個最大的謎，這就是暗物質和暗能量。怎麼發現有暗物質？科學家透過

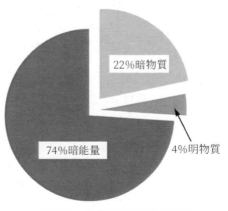

22%暗物質

74%暗能量

4%明物質

圖 8.5 標準宇宙模型的預言

計算星球與星球之間的引力發現，星球自身的這點引力，遠遠不夠維持一個完整的星系。為了使宇宙維持現有的秩序，只能認為還有其他的物質，這就是暗物質。暗物質是一種比電子和光子還要小的物質，不帶電荷，不與電子發生干擾，能夠穿越電磁波和引力場，是宇宙的重要組成部分。暗物質代表了宇宙中 22% 的物質含量，而人類可見的物質只占宇宙總物質量的 5% 不到。黑洞是常規物質，不是暗物質。值得一提的是，據 2017 年 10 月的《新科學人》雜誌最新報導，科學家終於發現了星系與星系之間造成連接作用的物質。這次發現意義重大，因為這是人們第一次發現了占宇宙中大約一半的正常物質。電腦模擬呈現出一大塊「宇宙網」（圖 8.6），從圖中我們可以看到纏結的絲狀物將宇宙的星系連接在一起，而這種絲狀物就是由重子組成的。重要的是，這種由來自法國空間天體物理學研究所和英國愛丁堡大學的兩個獨立的研究小組發現的「消失的物質」是由稱為重子的粒子構成的，並不是暗物質。在現代粒子物理學的標準模型理論中，重子這一名詞是指由三個夸克（或者三個反夸克組成反重子）組成的複合粒子，它是強子的一類。最常見的重子有組成日常物質原子核的質子和中子，與反質子、反中子合稱為核子。

> 計算顯示，星球自身的這點引力遠遠不夠維持一個個完整的星系，所以應該有其他的物質存在，這就是暗物質。觀測發現，宇宙正在膨脹而且在加速膨脹，加速膨脹顯示要有未知的能量，這就是暗能量。

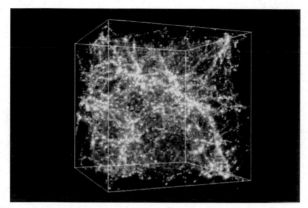

圖 8.6 纏結的絲狀物將星系連接在一起

另一方面，科學家觀測發現，宇宙正在膨脹而且在加速膨脹。要理解加速膨脹，就必須有新的未知的能量存在，這就是暗能量。暗能量是充溢整個空間的、能夠增加宇宙膨脹速度的一種難以察覺的能量形式。在宇宙標準模型中，暗能量占據宇宙約 74% 的質能。總之，暗物質存在於人類已知的物質之外，人們知道它的存在，但不知道它是什麼，它的構成也和人類已知的物質不同。重要的是，暗物質主導了宇宙結構的形成，但暗物質的本質對我們來說還是個謎。暗能量也是一種不可見的、能推動宇宙運動的能量。宇宙中所有的恆星和行星的運動皆是由暗能量與萬有引力來推動的。暗能量是宇宙學研究中一個里程碑式的重大成果，由宇宙的加速膨脹就可以透過愛因斯坦的理論推論出壓強為負的暗能量。

關於真空能。真空能是整個宇宙空間中存在的背景能量。真空能來自於量子力學中的零點能。測不準原理導致微觀粒子的基態能量不為零，這個基態能量就稱為零點能。但是，由宇宙學常數估計的真空能密度與由量子電動力學和相對論性電動力學推出的零點能（能量密度）有著數量級上的巨大差別，這是物理學中仍未解決的一個問題。

8.3　量子力學的學習方法

要如何學習量子力學呢？這是個很難回答的問題，因為對於不同的人，可能必須對應不同的學習方法。對於像筆者這樣的凡夫俗子來說，學習量子力學未必能夠先理解量子力學的很多基本原理和哲學基礎，然後才繼續往下學習量子力學。實際上，作者本人是先完全接受量子力學的數學框架，才慢慢去理解量子力學的各個基本原理的。有的原理在以後的許多年裡還在慢慢地思考和理解，有的原理作者可能一直都無法正確地加以理解。閱讀本書看來也不是一件很輕鬆的事，尤其是領會某些基本概念。此外，對於學習這門課程，可能還要有相當紮實的數學功底，因為量子力學的運用確實需要很多的數學過程。

學會量子力學的數學框架還是比較容易的，但是量子力學畢竟不僅僅是一套計算的工具，它還是我們對於自然界的一種看法。量子力學引進的新概念具有非常深刻的含義，正因為深刻，使得許多人對量子力學中新概念的理解存在很大的偏差或者不是很正確。本書希望能夠比較簡潔和清楚地介紹量子力學的概念體系，這些介紹的根據都來自量子力學的正統解釋（即哥本哈根學派解釋）。量子力學中還有一些爭論一直都沒有停止過，對於這些「高深的」和新穎的理論，我們則不予展開討論。

> 量子現象很難用司空見慣的現象來比喻而達到幫助理解的效果。對初學者來說，往往容易被一些不著邊際、天馬行空的聯想誤導。

量子力學對很多物理現象的描述有悖於我們的日常經驗。為了說明量子力學中那些不好想像的地方，我們來大致總結一下量子力學到底有哪些圖像

與我們人類的個人直覺不太符合。這些圖像顯然是我們理解量子力學本質時必然會遇到的困難。

> 量子力學中有很多違背日常經驗的東西。對於初學者來說，可以採取一種「鴕鳥心態」，即盡量先接受量子力學的正統解釋，暫時不去追根究柢地問為什麼。

1. 物質粒子的波粒二象性（德布羅意的物質波假設）：這就是說，實物粒子具有波動和粒子二象性。簡單地說，一個實體有時像波，有時又像粒子。例如，電子在衍射實驗中，明確表現出波動的一面；可是在散射實驗中，又表現出粒子性的一面。電子的這種既像波又像粒子的性質，對於我們的想像來說是相當困難的，這是兩個很不容易想像在一起的圖像。而且德布羅意指出，所有的粒子都有這種二象性。我們在 3.5 節中曾經討論了一個著名的雙縫干涉實驗。與光的雙縫干涉實驗相比，電子等實物粒子的雙縫干涉具有特別的重要性，值得認真思考。在這個實驗中，一個非常重要的情況是當入射電子束的強度非常小的時候，這時電子數稀疏到每次只能有一個電子通過雙縫，然後打在雙縫後面的底片上（會出現一個點，明確顯示了電子的粒子性）。當底片曝光的時間足夠長的時候（例如幾個月），底片上將出現明確的干涉條紋。這些條紋與電子束的強度很大時的結果是完全一樣的。這樣的實驗只能說明每一個電子都是從兩個縫同時經過的（只有這樣才能有干涉現象出現）。所以，在這個實驗中，非常難以理解的是電子如何能夠從兩個縫同時通過，自己與自己干涉的。

2. 完全的隨機性。在量子力學中（即微觀世界中），每一次測量某力學量，所得結果一定是該力學量算符對應的特徵值中的一個，至於是哪

241

一個特徵值則完全是隨機的。這種量子力學下的隨機性也是很不容易理解的。這與我們在古典物理中扔骰子的例子是完全不同的。扔骰子所得的結果（例如，每次出現 1～6 中的某一個數）看起來像是隨機的，其實是完全不隨機的。如果我們能夠給出扔骰子時的複雜的初始條件，我們就可以完全準確地預言骰子最終的點數。但是，量子力學中以上所述的隨機性則是真正隨機的。如何去理解這種隨機性？

3. 量子纏結。量子纏結是量子力學非定域性的體現。或許可以說，目前還沒有人真正理解量子纏結背後的本質。有人說，量子纏結是超時空的。假想有一個自旋為零的粒子分裂成兩個電子（或一正一負的電子對），由於粒子的自旋為零，所以兩個電子的自旋一定相反。當電子 1 的自旋發生翻轉時，電子 2 的自旋也會瞬間地發生翻轉，這裡的「瞬間」是非常難以理解的（因為瞬間意味著不需要時間），因為它看起來像是違背了愛因斯坦的相對論。為什麼電子 1 和電子 2 哪怕在空間上分隔很遠，看起來卻像是一個整體似的，不可以看作是互相獨立的兩個電子？這就是所謂的粒子之間的纏結。

4. 薛丁格的貓：量子疊加態。在 5.3 節（若有必要，請複習一下 5.3 節），我們討論了著名的薛丁格貓：設想在一個封閉的匣子裡，有一只活貓、一瓶毒藥和一點放射性物質。之後，放射性物質有 50% 的機率將會衰變並且使系統釋放出毒氣殺死這隻貓，同時也有 50% 的機率放射性物質不會衰變從而讓貓活下來。按照常識，在這樣一個系統中，貓要嘛死了要嘛還活著。但是，量子力學卻告訴我們，存在一個中間態，貓既不死也不活（或者說，既是死的也是活的），直到進行觀測後才能決定死活。即箱中的貓處於「死—活疊加態」——既死了又活著！要等

到打開箱子看一眼貓才決定其生死（請注意！不是發現而是決定，僅僅看一眼就足以致命！）也即，只有當你打開盒子的時候，疊加態才突然結束（也就是「波函數塌縮」）。這是哥本哈根學派的解釋，它的優點：只出現一個結果，這與我們觀測到的結果相符合。當然這也有一個大的問題：它要求波函數突然塌縮，可物理學中沒有一個公式能夠描述這種塌縮。儘管如此，長期以來物理學家們或許出於實用主義的考慮，還是接受了哥本哈根學派的解釋。

5. 波函數的塌縮等，多世界理論。1957 年，艾弗雷特提出了「多世界解釋」的理論。由於它太離奇開始並沒有人認真對待。我們簡單介紹一下艾弗雷特對於「薛丁格貓」的多世界解釋：兩隻貓都是真實的，有一只活貓，有一只死貓，它們位於不同的世界中。問題並不在於盒子中的放射性原子是否衰變，而在於它既衰變又不衰變。當我們向盒子裡看時，整個世界分裂成它自己的兩個版本。這兩個版本在其餘的各個方面都是全同的，唯一的區別在於其中一個版本中，原子衰變了，貓死了；而在另一個版本中，原子沒有衰變，貓還活著。這個解釋的優點：薛丁格方程式始終成立，波函數從不塌縮。它的問題：設想過於離奇，付出的代價是這些平行的世界全都是同樣真實的。這就難怪有人說：「在科學史上，多世界解釋無疑是目前所提出的最大膽、最野心勃勃的理論。」筆者認為，理解這樣一個理論超出了本書的期望。

> 科學史上，多世界解釋（不同於機率解釋）是目前所提出的最大膽、最野心勃勃的理論。但是理解這樣一個理論超出了本書的期望。

以上就是閱讀量子力學書籍時可能遇到的主要的一些難點。可以說，現

在世界上可能並沒有一個人能夠真正理解上述提到的所有問題。儘管如此，量子力學還是一個非常有用的、引人入勝的科學理論。從量子力學的基本原理出發經過數學演繹，所得結果可以和實驗結果、和人類實踐符合得非常好。量子力學與相對論的出現，不僅給現代物理學提供了強而有力的數學處理方法，也使人類的世界觀（自然觀）發生了深刻的變化。量子力學深入到微觀領域之後呈現了許多新的特徵（例如，完全的隨機性和非定域性），這些特徵也引起了在哲學問題上的相當活躍的討論。不僅物理學家開始熱衷於哲學議論，甚至社會學家、歷史學家等都在討論量子力學的新觀念。本書雖然會少量地涉及量子力學的哲學議論，但一般不會展開討論。如果能夠使用「哥本哈根解釋」的地方，就會盡量採用這套所謂的量子力學的正統解釋。

學習量子力學的另一個難點在於理解它的 5 個基本假設。有的基本假設顯得非常讓人困惑，例如，為什麼一個力學量要用算符來對應？這與我們在古典物理學中的經驗是完全不同的。為什麼只有這 5 個基本假設，為什麼不需要 6 個？從這 5 個基本假設如何能夠完整地推出量子力學中的各種推論？理解這些也是相當困難的（在 1 小時之內顯然做不到）。

普朗克就相信，從事實出發的邏輯推理有一股不可抗拒的力量。這就是說，基於數學的「嚴格的」邏輯推理是我們學習物理的強大工具。我們都知道，寫習題是學習物理非常重要的一個環節。所以，學習量子力學，透過寫習題來提高理解也是非常必要的。但是，這對於一般的泛讀本書的讀者來說可能有很大的困難（也顯得沒有那麼必要）。對於攻讀量子力學課程的學生來說，習題不僅能夠幫助理解量子理論的基本概念，還有助於理解為什麼量子力學是科學史上最精確的能被實驗檢驗的理論，是科學史上最成功的理論。

在量子力學的學習中，沒有必要提倡去認真鑽研每一個基本概念。對大

多數學生來說，知道如何開展數學運算就算不錯了。量子力學中有些概念的基礎至今還在爭論中，對同一概念也可能有五花八門的解釋，甚至也有各種專著出版。對於這樣的概念，大多數讀者可以先繞過去，暫時不予深思。

楊振寧曾經提到，學習方法有兩種：一種是演繹法，一種是歸納法。以電磁理論的學習為例：對於演繹法，一般先給出馬克士威方程式組，然後透過數學的演繹，導出各種各樣的結論或推論。對於歸納法，則是從靜電場和靜磁場開始，慢慢地往更加複雜的電磁現象討論，最後才綜合出馬克士威方程式組來。看看我們手裡普通物理中的「電磁學」教科書吧，似乎大多數都是使用了歸納法（這也許正是物理系的學生除了學習「電磁學」，通常還要學習「電動力學」課程的原因吧）。

> 學習方法有兩種，一種是演繹法，一種是歸納法。演繹法是一種更高效的讀書方法。

8.4　談談諾貝爾獎

有必要來稍稍討論一下諾貝爾獎，以便消除一般大眾的某些誤解。例如，有些人認為諾貝爾獎可以像很多獎項那樣是可以透過申請得來的，這完全是不對的。

> 一個多世紀以來所頒發的諾貝爾物理學獎中，獲獎的主題絕大部分都與量子力學有關。

量子力學是從 20 世紀初發展起來的，到今天已經被授予了「無數個」諾貝爾物理學獎和化學獎（圖 8.7）。有的諾貝爾獎聽起來似乎只是一個新概念的提出，如物質粒子的波粒二象性；有些甚至只發表在論文的註釋裡面，如

玻恩的波函數的機率解釋。其實,每個物理學獎的背後都顯含或隱含著大量
的數學過程,而且有非常深刻的物理內容。有一個有趣的現象:有人統計過,
自 20 世紀中葉以來,在諾貝爾化學獎、生物及醫學獎,甚至是經濟學獎的
獲獎者中,有一半以上的人具有物理學的背景;反過來,卻從未發現有非物
理專業出身的科學家問鼎諾貝爾物理學獎的事例。這說明人們可以從物理學
中汲取智慧,然後在非物理領域裡獲得成功,反之則行不通。

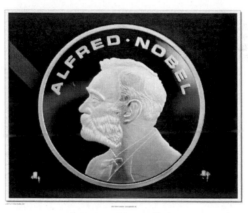

圖 8.7　諾貝爾獎章

現在,讓我們來假設一件有趣的事情(純粹的假設而已!)。假如我們
對所有人明確地公開表示:只要誰能解釋清楚「玻璃為什麼是透明的」,我
們就授予他諾貝爾物理學獎(其實,這真的是一個諾貝爾獎的「課題」)。這
當然是假設的,不會發生這類的事情,因為諾貝爾獎是從一大堆已經取得的
科學成就中最終由諾貝爾獎委員會和瑞典科學院投票出來的。再假設因此人
世間有了大量的各種各樣的關於「玻璃為什麼是透明的」解釋出現。有很多
人可能僅用嘴巴說了很長的時間來解釋,還有很多人可能寫了很厚的書來解
釋(假設裡面沒有基於量子力學基本原理的數學推演)。可以確認的是,這兩

種解釋方式是完全無用的，諾貝爾獎委員會根本就不會注意到這些。那麼，最後為什麼只有安德森和莫特（1977 年的諾貝爾物理學獎得獎者）能夠領走這個諾貝爾獎呢？因為，要解釋清楚「玻璃為什麼是透明的」，就必須從微觀的量子力學的基本原理出發，透過大量的數學的演繹，由此最終說明「玻璃為什麼會是透明的」，這樣的理論解釋才是徹底的。也只有這樣，最終才能得到諾貝爾獎委員會的青睞。「玻璃為什麼會是透明的」其實是一個非常深刻的問題。需要注意「唯象」與「微觀」這兩個名詞，如果你僅僅唯象地解釋了「玻璃為什麼是透明的」，那還是不夠，你還必須用微觀的量子力學的原理來解釋你的唯象理論的出發點，這樣才能算完整。莫特在他的諾貝爾獎演講中這樣說道：「似乎並無一人比我的合作者和我更早問一問『為什麼玻璃會是透明的』這樣的問題，這是有些奇怪的。」、「在過去的許多年中竟無一人試圖從理論上了解玻璃裡的電子一事，更使我奇怪。」莫特的說法當然是謙虛的，很可能這本來就是一個相當困難的問題。

再假設除了安德森和莫特完成了微觀解釋之外，還有其他的人也做了這方面的類似工作，這時候，誰最終能夠獲得諾貝爾獎在一定程度上可能要靠運氣了。或者說，完全由瑞典的諾貝爾獎委員會來決定。應該再提一下，諾貝爾獎不是透過申請得來的，你的申請並沒有地址可以寄送。恰恰相反，透過自薦的方式想獲得諾貝爾獎，反而很可能被取消諾貝爾獎的獲獎資格。

> 諾貝爾獎不是透過申請得來的，你的申請並沒有地址可以寄送，它完全由瑞典的科學院和諾貝爾獎委員會來決定。

有一些例子表明，不要因為某種理論「被證明了那是不可能的」，就完全不去嘗試。有一些關於諾貝爾獎的例子可以很好地說明這一點。

1. 石墨烯就是一個例子。在發現石墨烯之前，大多數物理學家都認為，

247

熱力學漲落不允許任何二維晶體在有限溫度下存在，這當然預示著石墨烯不可能在自然界中存在。因為石墨烯被認為是嚴格的二維晶體，而完美的二維結構無法在非絕對零度下穩定存在。然而，自然界是多麼的巧妙呀，只要給二維的單層原子片一些波浪形的皺褶（圖 8.8），像石墨烯這樣的物質就可以非常穩定地存在。所以，石墨烯的發現立即震撼了凝聚體物理和材料界。英國曼徹斯特大學的兩位科學家海姆和諾沃肖洛夫（Konstantin Novoselov）就因為用一種非常簡單的機械剝離法得到石墨烯而獲得 2010 年度的諾貝爾物理學獎。看來，在物理中既需要非常嚴格的邏輯推演（純數學的），也需要不那麼嚴格的大膽猜測。

> 物理中，既需要非常嚴格的純數學的邏輯推演，也需要不那麼嚴格的大膽猜測。

圖 8.8　石墨烯的結構

2. 宇稱不守恆的例子。在李政道和楊振寧提出宇稱不守恆的概念之前，大家都自然而然地認為宇稱是守恆的。正因為都默認宇稱是守恆的，

那就沒有必要去做任何這方面的實驗了。當李—楊大膽地提出弱相互作用下的宇稱不守恆時，吳健雄認為，即便宇稱就是守恆的，也值得做實驗再去證明一次。吳健雄的實驗最終導致了李—楊獲得了諾貝爾物理學獎，至於吳健雄本人為何沒有獲獎，這還是一個謎。

3. 田中耕一的傳奇。田中耕一因為與美國科學家約翰·芬恩一同發明了「對生物大分子的質譜分析法」，而獲得了 2002 年的諾貝爾化學獎。田中耕一的得獎是一個傳奇。因為他從來不和學術界沾邊，手上既沒有博士學位，連碩士學位都沒有。發表的論文數量從學術界的角度看完全可以略去不計。據說，田中為了能在實驗室第一線從事研究工作，自己拒絕了所有的升職考試。可以想見，他在經濟上也不會有多麼寬裕。所以說，田中幾乎就是處於日本企業社會的最底層，以至於前一天晚上田中獲諾貝爾獎的消息傳來時，整個日本學術界都措手不及。2001 年的諾貝爾化學獎獲得者野依良治和 2000 年的諾貝爾獎獲得者白川英樹都不知道田中耕一是何許人也。據說，在獲悉田中獲獎的那一天，日本文部省（即教育部）內一片混亂，因為在他們的日本研究生命科學學術界的資料名單中，根本就找不到田中耕一的名字。田中的個人成就是根據自己的想法設計了分析儀器，連同分析方法一起申請了專利，並獲得批准（有趣的是，田中並不知道他的方法已經有人證明那是「不可以的」）。這個專利的內容已經達到了獲得諾貝爾獎的水準，但是似乎田中本人和日本科技界都沒有意識到。

在諾貝爾獎的問題上，玻恩對量子力學的貢獻曾經被忽略過。後來玻恩說：「不靠奇蹟，不靠猜想，腳踏實地一步步地走，去追索自然的真實。」

8.5　愛因斯坦對量子力學的看法

　　愛因斯坦是量子力學最著名的質疑者，雖然他自己曾經對量子力學的發展作出過重要的貢獻。可以說愛因斯坦是量子力學的先驅，他甚至被譽為「量子論之父」中的一個。在物理奇蹟年（愛因斯坦年）的 1905 年，愛因斯坦在當時物理學的幾個重要領域都作出了傑出的貢獻。這其中就包括對量子理論的發展有重要價值的關於光電效應和固體比熱方面的論文。但是從 1905 年起之後的 10 年裡，愛因斯坦把主要精力放在了將狹義相對論拓展到廣義相對論。顯然，愛因斯坦在全新的引力理論上取得了他人不可能取得的成就，但是自然而然地，他對量子理論的貢獻就顯得比較少。

　　到了 1916 年，當愛因斯坦可以把精力再次轉向量子理論時，量子論已經由波耳為首的一群青年物理學家所引領。這時，哥本哈根學派成了量子論的主力，波耳及其追隨者們已經在原子物理領域不斷取得創新的成果。此後，也正是像海森堡這樣的年輕人，在 1925 年率先創建了量子力學的最初形式 —— 矩陣力學形式。而愛因斯坦在這一時期應該算是與哥本哈根主流學派觀點不太合拍的一員（薛丁格和德布羅意也不屬於哥本哈根學派）。緊接著在海森堡之後，薛丁格於 1926 年獨立創建了量子力學的第二種形式 —— 波動力學形式。歷史上，德布羅意的物質波思想透過愛因斯坦的傳播（即論文的引用）對薛丁格創建波動力學有重要的幫助。

> 愛因斯坦其實並不是反對量子力學本身，也不是反對機率論，而是不能接受哥本哈根學派對波函數的機率解釋。愛因斯坦有非常牢固的古典物理世界觀。

　　很大程度上可能受到相對論的影響，出於直覺，愛因斯坦感覺到波耳—

海森堡—玻恩的量子力學是有問題的，並對這個新理論的立論提出強烈的質疑。而對於薛丁格的波動力學，愛因斯坦的感覺則是與他心目中的世界差別不大，但是在一些關鍵點上還有疑問，這也使得愛因斯坦從未正面地肯定過薛丁格的量子力學是正確的。愛因斯坦是一位偉大的科學家，他對量子力學的態度當然是誠實的，他沒有一概地反對現有的量子理論。他也承認，已經建立起來的量子力學能夠解決古典物理學和舊量子論所不能解決的問題，這意味著新量子力學至少應該是一種正確的「數學」理論。但是，愛因斯坦堅持認為，量子世界與宏觀世界不應該有質的不同，人們對宏觀世界的認識應該可以延伸到微觀領域，量子世界與宏觀世界一樣應該具有實在性。所以，愛因斯坦反對現行量子力學理論的統計性描述。在本書的前面部分，我們敘述過愛因斯坦與波耳的很多爭論，我們也了解了作為當時物理學泰斗的愛因斯坦所面臨的尷尬的境地。到後來，可以看到，愛因斯坦主要只是質疑波函數 Ψ 的完備性。或者說，他質疑波函數可以完備地描述單獨一個物理體系的性質。愛因斯坦主張，波函數 Ψ 只是關於一個系綜的描述（也就是說，波函數涉及的是許多個體系，從統計力學的意義來說，就是「系綜」）。系綜解釋可以使愛因斯坦既堅持實在論，又承認現有的量子力學理論是能夠對微觀力學的量子特徵方面提供一個統一的解釋。可惜的是，波函數不是一個系綜的描述。

> 愛因斯坦認為，量子世界與宏觀世界一樣也應該具有實在性。人們對宏觀世界的認識應該可以延伸到微觀世界領域。

　　量子力學最重要的方面是它所揭示的隨機性、疊加性和非定域性。愛因斯坦對這裡的「隨機性和非定域性」都提出了強烈的質疑。愛因斯坦是一名堅定的決定論者，對於量子力學的隨機性觀點，他有一句著名的話：「無論

如何，我相信上帝是不扔骰子的」（I, at any rate, am convinced that He (God) does not throw dice.）。但是，大量的實驗證明了波函數的機率解釋和測不準原理都是正確的，看來愛因斯坦對於隨機性的質疑沒有得到實驗的支持。對於量子力學非定域性的質疑，例如量子纏結中存在的跨空間、瞬間影響纏結雙方的「相互作用」（或關聯），愛因斯坦有另外一句著名的話：「鬼魅的超距作用」（spooky action at a distance）。同樣地，越來越大量的實驗證明了量子纏結的確實存在，所以看來愛因斯坦對於量子力學非定域性的質疑也沒有得到實驗的支持。即便如此，愛因斯坦提出的這些見解對量子力學的形成和完善造成了重要作用。

那麼，愛因斯坦的觀點真的錯了嗎？我們多數人或許連發表看法的資格都沒有。狄拉克對量子力學有非常重要的貢獻，他對量子力學的理解顯然比一般人要深刻許多。1975 年狄拉克訪問澳大利亞，在新南威爾斯大學作了「量子力學的發展」的演講。狄拉克說：「我認為也許結果最終會證明愛因斯坦是正確的，因為不應當認為量子力學的現在形式是最後的形式。關於現在的量子力學，存在一些很大的困難。不應當認為它能永遠存在下去。我認為很可能在將來的某個時間，我們能得到一個改進的量子力學，使其回到決定論，從而證明愛因斯坦的觀點是正確的。」狄拉克這樣說自然有他的道理（可能只是我們現在還無法理解其中的道理而已）。如果狄拉克的說法是對的，那麼應該如何來改造目前的量子力學呢？因為現在看來，目前的量子力學是完備的。

愛因斯坦在量子理論方面是非常「較真的」，儘管他多數時候沒有能夠「勝過」波耳，但是愛因斯坦提出的質疑都是基於他對物理學本質的深刻思考，對量子力學概念體系的發展有非常重要的意義。有大量的書籍介紹愛因

斯坦的成就，我們沒有必要在這裡一一重複。不過，一般的作者都會樂意寫幾句關於愛因斯坦的「事蹟」：愛因斯坦對物理學的貢獻非常廣泛，主要包括光電效應、布朗運動、固體比熱、受激發射（雷射理論）、玻色─愛因斯坦凝聚（圖 8.9）、量子纏結、狹義相對論及大量的應用、廣義相對論及大量的推論（重力波、宇宙方程式等）。這裡的每一個貢獻都值得被授予諾貝爾獎，而相對論更是如何授獎都不為過。現在，很多人都喜歡用是否獲得諾貝爾獎來看待某一個人對物理學貢獻的重要性。如果是這樣的話，讓愛因斯坦獲得十個諾貝爾獎恐怕也不為過。愛因斯坦畢竟是物理學家中的一個奇點。

> 雖然愛因斯坦在量子理論方面多數時候沒有能夠「勝過」波耳，但是愛因斯坦提出的質疑對量子力學概念體系的發展有非常重要的意義。

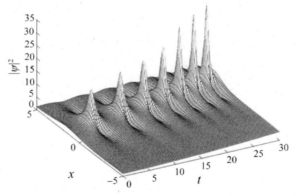

圖 8.9　玻色─愛因斯坦凝聚

在物理學界，如果一個科學觀點錯了，那就是錯了（它與實驗結果不相符，就是不相符），哪怕這個論文「發表」在全世界最重要的報紙的頭版上，而且幾十億人都沒有反駁這個論文裡的觀點……但是，最後它還是錯的。可

見，科學觀點與所謂的政治觀點是多麼的不同！反之，如果一個科學觀點是對的，那麼無論多少人反對它，最後它還是對的。一個極好的例子便是愛因斯坦的相對論，曾經被多少人經由政治的手段加以批判，但是相對論還是對的。越是理解了相對論，你就只好越相信它。越是理解相對論的人，就越是不會批判相對論。有一句話說：「只有不懂相對論的人才會拚命地反對相對論。」這一句話在哲學以及邏輯上應該都是可以站得住腳的。我們每使用一次手機，就做了一次實驗，證明相對論是正確的。我們總不能一邊使用手機，一邊說相對論是不對的。狹義相對論如果沒有愛因斯坦的發現，也許還會有其他人發現。但是廣義相對論則基本上是愛因斯坦一個人的功勞。

當然，觀點不太正確的論文也不是完全毫無意義的，那些對科學理論的發展有推動作用，但是不太正確的論文也是極富科學價值的。這種現象在量子力學的發展過程中時有出現。寫一篇有創新性但是觀點不太正確的論文也是很不容易的。總之，科學論文的根本在於它的創新性和科學性。

> 對於量子力學的真諦，一直爭論不休。似乎連 20 世紀最偉大的科學家們也都沒有能夠真正理解量子力學。

8.6　楊振寧對量子力學的貢獻

本節的主要內容參考了：《物理》雜誌，2014 年，43 卷第 1 期。

楊振寧（圖 8.10（a）），現為大學教授，美國紐約州立大學石溪分校榮譽退休教授。石溪分校也是量子力學的先驅狄拉克生前最後工作的地方。關於楊振寧的生平，有大量的書籍可以參考，故不再在這裡贅述。

（a）　　　　　　　　　（b）

圖 8.10　楊振寧（a）和李政道（b）

> 楊振寧對物理學的三個最著名的貢獻是：非阿貝爾規範場論，弱
> 相互作用中的宇稱不守恆和統計物理中的 Yang-Baxter 方程式。

楊振寧是 20 世紀後半葉最偉大的理論物理學家之一。他對物理學（其實也就是對量子力學）最著名的貢獻主要如下。

1. 楊—米爾斯（Yang-Mills）非阿貝爾群規範場理論（楊—米爾斯合作）；

2. 李—楊弱相互作用中的宇稱不守恆理論（李政道與楊振寧合作）；

3. 統計物理中的楊—巴克斯特（Yang-Baxter）方程式（楊振寧和巴克斯特各自發現）。

以上敘述的排序方式意味著楊—米爾斯規範場理論是楊振寧對物理學最重要的貢獻，他的這一貢獻被認為超出了他獲得諾貝爾物理學獎的宇稱不守恆理論。實際上，楊振寧對物理學的重要貢獻遠不止上面這些。

讓我們按研究成果發表的時間順序列予如下：

1952 年，伊辛模型；

1954 年，楊—米爾斯規範場論；

1956 年，弱相互作用中的宇稱不守恆；

1956 年，時間反演、電荷共軛和宇稱三種分立對稱性；

1957 年左右，玻色子多體問題；

1960 年，高能中微子實驗的理論探討；

1961 年，超導體磁通量子化；

1962 年，非對角長程序；

1964 年，CP 不守恆的唯象框架；

1967 年，楊—巴克斯特方程式；

1969 年，一維 δ 函數排斥勢中的玻色子問題；

1970 年左右，規範場論的積分形式；

1975 年，規範場論與纖維叢理論的對應。

筆者覺得，有必要更加具體地描述一下楊振寧的這 13 項重要貢獻。

(1) 楊—米爾斯規範場論

1954 年，楊—米爾斯發表了所謂的非阿貝爾規範場論。這被普遍認為是楊振寧一生中對物理學發展的最重要貢獻，當然也是他一生中發表的約 300 篇論文中最重要的一篇。他的這一成果的重要性被認為超出了他獲得諾貝爾物理學獎的宇稱不守恆理論。從數學上講，該論文是從描述電磁學的阿貝爾規範場論到非阿貝爾規範場論的推廣。從物理學上講，是用這種推廣發展出新的相互作用的基礎規則。論文一開始並沒有被物理學界看重，但是後來透過許多學者於 1960 年代至 1970 年代引入的自發對稱破缺觀念，而發展成所謂的「標準模型」（標準模型被普遍認為是 20 世紀後半葉基礎物理學的總成就）。也有人說，楊—米爾斯理論是大統一理論的指路明燈。在我們目前認知

的四種基本相互作用中，弱電相互作用和強相互作用都由楊—米爾斯理論描述，而描述引力的愛因斯坦的廣義相對論也與楊—米爾斯理論有類似之處。可以說，楊—米爾斯理論是 20 世紀後半葉偉大的物理成就。楊—米爾斯方程式與馬克士威方程式、愛因斯坦方程式一道具有極其重要的歷史地位。

> 楊振寧最重要的貢獻是非阿貝爾規範場論。很多人認為，這是繼相對論和量子理論之後最重要的物理理論。

對稱性是 20 世紀理論物理學的主旋律之一，體現了物理學之美。從古典物理、晶體結構到量子力學與粒子物理，對稱性分析都是非常重要的工具。楊振寧往往能準確地利用對稱性，用優雅的方法很快得到結果，突出本質和巧妙之處，表現了他對對稱性分析的擅長。1999 年，在石溪（Stony Brook）的一次學術會議上，楊振寧被稱為「對稱之王」（lord of symmetry）。

(2) 弱相互作用中的宇稱不守恆

1956 年，$\theta\text{-}\tau$ 之謎是粒子物理學中最重要的難題之一。李政道和楊振寧從 $\theta\text{-}\tau$ 之謎這個具體的物理問題出發思考了更普遍的問題，從而提出了「宇稱在弱相互作用中也許不守恆」的可能性（所謂的「可能性」是因為還只是理論工作，還需要實驗的驗證）。在強相互作用與電磁相互作用中宇稱仍然是守恆的。李—楊對弱相互作用主宰的衰變過程做了具體計算，發現以前並沒有實驗證明在弱相互作用中宇稱是否守恆。很重要的是，他們指出了好幾類弱相互作用的關鍵性驗證實驗，可以用來測試弱相互作用中宇稱是否守恆。1956 年夏，吳健雄決定做李—楊所指出的一項關於 ^{60}Co β 衰變的實驗。到

257

了次年 1 月，吳領導的實驗組透過該 β 衰變實驗證明了在弱相互作用中宇稱確實不守恆，這引起了全世界物理學界的轟動。因為這項工作，李政道和楊振寧獲得了 1957 年的諾貝爾物理學獎。

> 吳健雄為什麼沒有獲得諾貝爾獎？不是說實驗和理論是一樣重要的嗎？這段塵封的歷史很快就會解密了。

(3) 楊—巴克斯特方程式

1960 年代，尋找具有非對角長程序的模型的嘗試將楊振寧引導到了量子統計模型的嚴格解。1967 年，楊振寧發現一維 δ 函數排斥勢中的費米子量子多體問題可以轉化為一個矩陣方程式，後稱為楊—巴克斯特方程式（因為 1972 年巴克斯特在另一個問題中也發現了這個方程式）。後來，人們發現楊—巴克斯特方程式在數學和物理中都是極重要的方程式，與扭結理論、辮子群、霍普夫（Hopf）代數乃至弦理論都有密切的關係。楊振寧當年討論的一維費米子問題後來在冷原子的實驗研究中顯得非常重要，而他在文中發明的嵌套貝特（Bethe）方法次年被利比希（Lieb）和伍法岳用來解出了一維哈伯德模型。哈伯德模型後來成為包括高溫超導在內的很多理論研究的基礎。

(4) 相變理論

統計物理是楊振寧先生的主要研究方向之一。1952 年，楊和合作者發表了三篇有關相變的重要論文。第一篇是他在前一年完成的關於二維伊辛模型的自發磁化強度的論文，得到了 1/8 這一臨界指數。伊辛模型是統計力學裡最基本卻極重要的模型，它在理論物理中的重要性到 1960 年代才被廣泛

認識。1952 年，楊振寧還和李政道合作完成並發表了兩篇關於相變理論的論文。兩篇文章同時投稿和發表，發表後引起愛因斯坦的興趣，為此愛因斯坦曾把李政道和楊振寧召到他的辦公室（李、楊和愛因斯坦當時都在普林斯頓的高等研究院工作）。論文透過解析延拓的方法研究了巨配分函數的解析性質，發現它的根的分布決定了狀態方程式和相變性質，消除了人們對於同一相互作用下可存在不同熱力學相的疑惑。這兩篇論文的高潮是第二篇論文中的單位圓定理，它指出吸引相互作用的格氣模型的巨配分函數的零點位於某個複平面上的單位圓上。

(5) 玻色子多體問題

楊振寧在 1957 年左右與合作者完成和發表了一系列關於稀薄玻色子多體系統的論文。首先，他和黃克遜、路丁格合作發表了兩篇論文，將贗勢法用到該領域。在寫好關於弱相互作用中宇稱是否守恆的論文之後等待實驗結果的那段時間裡，楊振寧和李政道用雙碰撞方法首先得到了玻色子多體系統的正確的基態能量修正，然後他又和黃克遜、李政道用贗勢法得到同樣的結果。他們得到的能量修正中最令人驚訝的是著名的平方根修正項，但當時無法得到實驗驗證。近年來，這個修正項隨著冷原子物理學的發展而得到了實驗證實。

(6) 一維 δ 函數排斥勢中的玻色子在有限溫度的嚴格解

1969 年，楊振寧和他的弟弟楊振平將一維 δ 函數排斥勢中的玻色子問題推進到有限溫度。這是歷史上首次得到的有相互作用的量子統計模型在有限溫度（$T>0$）下的嚴格解，這個模型和結果後來在冷原子系統中得到實驗實現

和驗證。

(7) 超導體磁通量子化的理論解釋

1961 年，透過和費爾班克（Fairbank）實驗組的密切交流，楊振寧和拜爾斯（Byers）從理論上解釋了該實驗組發現的超導體磁通量子化，證明了電子配對即可導致觀測到的現象，澄清了不需要引入新的關於電磁場的基本原理，並糾正了倫敦（London）推理的錯誤。在這個工作中，楊振寧和拜爾斯將規範變換技巧運用於凝聚體系統中。相關的物理和方法後來在超導、超流、量子霍爾效應等問題的研究中被廣泛應用。

(8) 非對角長程序

1962 年，楊振寧提出「非對角長程序」（off-diagonal long-range order）的概念，從而統一刻劃了超流和超導的本質，同時也深入探討了磁通量子化的根源。「非對角長程序」已經是當代凝聚體物理的一個關鍵概念。1989 年到 1990 年，楊振寧在與高溫超導密切相關的哈伯德模型裡找到具有非對角長程序的本徵態，並和張首晟一道發現了它的 SO(4) 對稱性。

(9) 時間反演、電荷共軛和宇稱三種分立對稱性

1956 年，歐米（Oehme）因為質疑弱相互作用中宇稱是否守恆的論文，致信楊振寧提出弱相互作用中宇稱（P）、電荷共軛（C）和時間反演（T）三個分立對稱性之間關係的問題。這導致楊振寧、李政道和歐米共同發表論文，討論 P、C、T 各自不守恆之間的關係。此文對 1964 年 CP 不守恆的理

論分析有決定性的作用。

（10）高能中微子實驗的理論探討

1960 年，為了得到更多弱相互作用的實驗訊息，利用實驗物理學家施瓦茨的想法，李政道和楊振寧在理論上探討了高能中微子實驗的重要性。這是關於中微子實驗的第一個理論分析，引導出後來許多重要的研究工作。

（11）CP 不守恆的唯象框架

1964 年，實驗上發現 CP 不守恆（即電荷共軛—宇稱不守恆）後，引發出眾多猜測其根源的文章。楊振寧和吳大峻沒有理會那些脫離實際的理論猜測，而作了 CP 不守恆的唯象分析，建立了後來分析此類現象的唯象框架。這就是楊振寧腳踏實地的作風，也明顯顯示出他受到費米的影響。

（12）規範場論的積分形式

楊—米爾斯理論的重要性在本節的最初就已經給出了。除了物理上的重要性，楊—米爾斯理論還把物理與數學的關係推進到一個新的水準。1970 年左右，楊振寧致力於研究規範場論的積分形式，發現了不可積相位因子的重要性，從而意識到規範場有深刻的幾何意義。

（13）規範場論與纖維叢理論的對應

1975 年，楊振寧和吳大峻合作發表了一篇論文，用不可積相位因子的概念給出了電磁學以及楊—米爾斯場論的整體描述，討論了阿哈諾夫—玻姆效

應和磁單極問題，揭示了規範場在幾何上對應於纖維叢上的聯絡。這篇文章裡面附有一個「字典」，把物理學中規範場論的基本概念準確地「翻譯」成數學中纖維叢理論的基本概念。這個字典引起了數學界的廣泛興趣，大大促進了數學與物理學以後幾十年的成功合作。

可以說，楊振寧是目前在世的世界上數一數二的物理學大師，也可以說，他是目前在世的對物理學理論貢獻最大的物理學家之一。

> 楊振寧是目前在世的世界上數一數二的物理學大師。

最後，還有一個沒有太大的意義卻很受注意的問題是：楊振寧在物理學家中的排名會是在哪裡？這是一個仁者見仁、智者見智，沒有準確答案的問題。在本書中的很多地方，我們談到牛頓、愛因斯坦這兩位神級人物。我們也談到了 1920 年代量子物理的黃金時代，這個時代的重要人物主要是普朗克、愛因斯坦、波耳、海森堡、薛丁格、玻恩、狄拉克、包立等人。楊振寧沒有趕上這個黃金時代，他進入研究領域始 1940 年代，但是他的研究範圍十分廣泛，在諸多領域貢獻重大。所以，從純粹學術地位上考慮，有人說楊振寧先生可以和狄拉克並列。也有人說朗道、費曼、楊振寧可以被稱為是繼愛因斯坦之後最全才的三位理論物理學家。

附錄 A　量子力學發展簡史

簡單回顧一下量子力學的發展歷史是有幫助的，這方面的書籍很多。已經有一套非常詳盡地敘述量子力學發展史的著作，讀者如果感興趣，可以閱讀這些古典的著述。在這裡，我們希望只花幾頁的篇幅，概要地回顧一下量子力學發展過程中的主要節點。

A.1　量子論創立之前古典物理學在熱輻射現象上的進展

舊量子論很大程度上是由於熱輻射（黑體輻射）的現象在古典物理學中無法得到很好的解釋，人們在努力理解黑體輻射能量分布的過程中，於 1900 年由普朗克公式的提出而獲得突破，終於導致了量子論的誕生。

1860 年，基爾霍夫引進了「輻射本領」、「吸收本領」和「黑體」的概念，證明了一切物體的輻射本領和吸收本領之比與同一溫度的黑體輻射的輻射本領和吸收本領之比相等，而且只是溫度和波長的函數。

> 量子理論的誕生離不開人們當時努力去理解黑體輻射的能量分布公式。

1879 年，斯特凡（Josef Stefan）發現了黑體輻射的總能量與絕對溫度的四次方成正比這一經驗定律。

1884 年，波茲曼從理論上導出了斯特凡定律，從而被稱為斯特凡—波茲曼定律：$W = \sigma T^4$。

附錄

1871 年，蘭利在測定熱輻射的實驗技術上有了重大突破，這為以後精確地測定輻射能量分布曲線奠定了基礎。

1893 年，維恩發表了黑體輻射的維恩位移定律。1896 年，維恩又發表了適用於短波範圍的黑體輻射的能量分布公式。維恩於 1911 年因為「黑體輻射方面的發現」而獲得諾貝爾物理學獎。

1899 年，盧默和普林斯海姆做了空腔輻射實驗，精確地測得了黑體輻射的能量分布曲線。

1899 年 5 月，普朗克在普魯士科學院的一次會議上，給出了一個黑體輻射能量分布的理論公式。

1900 年 4 月 27 日，克耳文勛爵在英國的一次科學家集會上作了關於「熱和光的動力學理論上空的 19 世紀的雲」的演講。他認為，物理學大廈的主要框架都已經建成，留給今後物理學家的任務只是修飾和完善這座大廈。但是，在物理學一片晴朗的天空的邊際，還有幾朵小小的讓人不安的烏雲，其中主要的有黑體輻射、乙太問題和固體比熱等。歷史上，恰恰就是這些「不起眼」的小烏雲，最終促成了 20 世紀最偉大的科學理論 —— 相對論和量子力學的誕生。

1900 年 6 月，瑞立發表了只在長波範圍內適用的黑體輻射公式：$\rho \Box v^2 T$，但是還沒有給出公式中的比例係數。

A.2 舊量子論的誕生和發展

1900 年 10 月 19 日，普朗克在德國物理學會的會議上報告了一個根據實驗數據「猜測」出來的黑體輻射公式。當天，魯本斯就證實，普朗克的公式

與實驗數據完全符合。普朗克公式對所有的波長和所有的溫度都適用的證據在以後的幾年中多次得到證實。有了這個公式，黑體輻射的能量分布的正確定律可以說已經被給出了。然而，普朗克認為，緊接著的和更加基本的任務就是要搞清楚這個公式的理論基礎和物理根源。這將直接導致發現自然界中的新恆量：量子。

> 1900 年普朗克公式的提出以及之後的公式推導，終於導致了革命性的「量子」假說的出現。

1900 年 12 月 14 日，在柏林德國物理學會的例會上，普朗克在一篇《關於正常譜中能量分布定律的理論》的論文中，提出了他關於黑體輻射公式的物理意義（實際上，普朗克在 1900 年 11 月中旬就已經得到了他的黑體輻射定律的物理解釋）。在這裡，普朗克透過引入振子能量量子化 $\varepsilon=hv$，由古典電動力學和古典統計熱力學，從理論上導出了黑體輻射的普朗克公式。能量的量子化突破了古典物理學中的連續性原理，量子物理學由此誕生。1900 年 12 月 14 日這一天也被普遍公認為量子物理的誕生日，普朗克也因此被稱為是量子論的第一個父親。普朗克於 1918 年因為「發現了能量量子」而獲得諾貝爾物理學獎。

但是，在 20 世紀的前 10 年時間裡，很多人還是把普朗克公式看成是一個侷限在輻射問題中的「經驗公式」。甚至在 1908 年，當達姆斯特德編寫《自然科學與技術史手冊》時，在所列舉的 1900 年以來全世界 120 項發明和發現時，竟然沒有普朗克的名字。量子論得以傳播和發展，並最終得到人們的理解和接受，不得不歸功於愛因斯坦的努力。所以大家說，愛因斯坦是量子理論的第二個父親。

附錄

1903 年，拉塞福和索迪發表了放射性元素的嬗變理論。

1903 年，約瑟夫・湯姆森提出原子模型的所謂葡萄乾布丁模型。

1904 年，長岡半太郎發表了原子結構的土星模型。

1905 年，愛因斯坦發表了《關於光的產生和轉化的一個啟發性觀點》的論文。愛因斯坦從分析黑體輻射的困難入手，提出了光量子的思想（即單色輻射好像是由一些互不相關的能量量子所組成），從而成功地解釋了光電效應等現象。愛因斯坦於 1921 年就是因為給出了「光電效應的規律」而獲得諾貝爾物理學獎（愛因斯坦獲得諾貝爾獎的過程很有意思，值得一看，請參考其他書籍）。

1905 年，瑞立為他自己在 1900 年提出的輻射公式規定了一個比例常數，但是裡面錯了一個數值因子，隨後為金斯所糾正，這樣就得到了所謂的瑞立─金斯定律，它適用於長波區域的黑體輻射。

1906 年 3 月，愛因斯坦發表了《論光的產生與吸收》的論文。明確指出，他的光量子與普朗克的能量量子是相同的。

1906 年 11 月，愛因斯坦發表了《普朗克的輻射理論和比熱理論》的論文，成功地給出了關於固體比熱的第一個量子理論。文中也指出，黑體輻射的能量分布定律「值得引起嚴重的注意，因為它有助於對一系列規律的理解」。

正是愛因斯坦 1905 年的光量子理論和 1906 年的固體比熱理論，使人們意識到普朗克公式所包含的不僅僅是一個孤立的「輻射問題」，而是帶有普遍意義的「量子問題」。

> 愛因斯坦 1905 年的光量子理論和 1906 年的固體比熱理論，使人們意識到「量子」不僅僅孤立存在於輻射問題，而是帶有普遍意義的事情。

1906 年 11 月，愛因斯坦在《普朗克的輻射理論和比熱理論》的文章中，首次提出了普朗克公式的另一種推導方法，並指出對於普朗克理論的內在問題，要從對熱的分子運動論（指統計方法）的修正著手。

1906 年，萊曼（Theodore Lyman）發表了氫原子光譜的萊曼系。原子光譜學的發展在整個量子力學的發展中造成特殊的作用。

1908 年，帕邢發表了氫原子光譜的帕邢系。

1909 年，蓋革和馬斯登在拉塞福的指導下在英國曼徹斯特大學進行了 α 粒子散射實驗，發現了金屬箔能使有些 α 粒子產生大角散射，從而否定了湯姆森的原子模型。

1909 年，因提出相對論已經蜚聲世界的愛因斯坦在德國自然科學家協會第 81 屆大會上，作了題為《論我們關於輻射的本質和組成的觀點的發展》的報告，明確提出了光的波粒二象性理論。這次會議還有來自全世界的理論和實驗物理學家參加。

1910 年 2 月，能斯特報導了他花了 3 年時間完成的低溫比熱的測量數據，證實了愛因斯坦的比熱公式。能斯特於 1920 年因為「對熱化學的研究」而獲得諾貝爾化學獎。

1910 年，德拜繞過普朗克理論中連續與分立的前後矛盾，給出普朗克公式早期的最簡單、最清晰的一個推導。德拜於 1936 年主要因為「研究分子結構」而獲得諾貝爾化學獎。

附錄

1911 年，拉塞福對 α 粒子的大角散射實驗作出解釋，提出了原子的行星模型。拉塞福於 1908 年因為「對元素的蛻變以及放射化學的研究」而獲得諾貝爾化學獎 [2]。

1911 年 10 月，由企業家索爾維資助的第一屆索爾維會議在布魯塞爾召開。當時最有名的 18 位物理學家應邀參加了會議。會議的主題是「輻射理論和量子」，這標誌著由普朗克創立、愛因斯坦發展起來的量子論已經開始為人們所普遍接受。此次會議之後，量子論成為全世界物理學家關注的中心，並很快進入舊量子論的鼎盛時期。

1913 年，史塔克發現了電場能使原子光譜分裂的效應（即所謂的史塔克效應）。史塔克於 1919 年因為「發現都卜勒效應和光譜分裂」而獲得諾貝爾物理學獎。

1913 年，波耳在拉塞福原子模型、普朗克量子論和芮得柏光譜定律等理論的基礎上，分三次發表長篇論文《論原子構造和分子構造》，提出了原子的定態和躍遷的概念，從理論上解釋了線光譜的起源、原子結構穩定性等理論問題。波耳原子模型的建立，使得波耳被譽為量子論的第三個父親。波耳於 1922 年因為「原子結構的理論」而獲得諾貝爾物理學獎。

> 波耳原子模型理論的提出是革命性的。

1914 年，法蘭克（James Franck）和赫茲發表了用電子轟擊汞氣體原子的實驗結果，發現電子能量達到某一確定值時，氣體的電離達到某些明顯的極大值，這直接驗證了波耳的原子理論。法蘭克和赫茲於 1925 年因此而

2　拉塞福獲得的是化學獎而不是物理學獎。這種情況在諾貝爾獎的歷史上發生多次，即自認為是物理學家的人會被授予化學獎。這種情況也說明了物理學與化學學科之間的親密關係。

獲得諾貝爾物理學獎。

1915年，索末菲推廣了波耳理論，得出了電子橢圓軌道的量子化條件，解釋了氫原子巴耳末線系的精細結構。

1916年，愛因斯坦發表了《關於輻射的量子理論》的論文，利用量子躍遷的概念又一次導出了普朗克的輻射公式，同時提出了受激輻射的理論，這成為1960年代初蓬勃發展起來的雷射技術的理論基礎。

1916年，索末菲和德拜證明了角動量沿恆定磁場方向的份量是量子化的，從而用量子論解釋了正常塞曼效應。

1918年，波耳提出對應原理，並用來計算譜線強度和選擇定則。

1920年，索末菲提出內量子數假設，使量子論對鹼金屬原子的光譜基本上都可以解釋，但是仍然不能解釋反常塞曼效應。

1921年，波耳提出多電子原子結構的理論，解釋元素週期律。

1921年，海森堡發表了《關於譜線結構與反常塞曼效應的量子論》，提出了半整數量子數。

1921年，朗德提出磁場中譜線分裂的朗德因子，在解釋反常塞曼效應方面有所突破。

1922年，德布羅意用「光分子」氣體模型導出普朗克公式。

1922年，施特恩和格拉赫（Walther Gerlach）發表了用銀原子束在不均勻磁場中的偏轉測定原子磁矩的實驗結果，證實了角動量的空間量子化。施特恩於1943年因為「發現質子的磁矩等」而獲得諾貝爾物理學獎。

1922年，康普頓用光量子和電子碰撞的圖像解釋了X射線散射中的波長變長的實驗結果（即康普頓效應）。這個實驗使光量子假設得到最後確認。

附錄

康普頓於 1927 年因為「康普頓效應」而獲得諾貝爾物理學獎。

1923 年 9 ～ 10 月，德布羅意接連發表了《波與量子》、《光量子、衍射和干涉》以及《量子、氣體運動理論以及費馬原理》等三篇論文，提出了電子具有波動性的思想。也提出了實物粒子具有波動性的所謂「相波理論」。這三篇論文後來成為他博士論文《量子理論的研究》的基礎內容。德布羅意於 1929 年因為「發現電子的波動性」而獲得諾貝爾物理學獎。

> 德布羅意提出了實物粒子具有波動性的所謂「相波理論」。電子就具有波動性。

1924 年，玻色發表了光量子所服從的統計規則，並用來導出了普朗克公式，至此普朗克公式推導中的內在矛盾得到徹底解決。愛因斯坦把玻色的統計規則作了推廣，成為玻色—愛因斯坦統計，它是自旋為整數的粒子所服從的統計規則。

1925 年 1 月，包立提出不相容原理（對費米子體系適用）。當時的表述是：在一個原子中不可能有兩個或兩個以上的電子具有完全相同的四個獨立量子數。包立於 1945 年因為發現「包立不相容原理」和提出微中子假設而獲得諾貝爾物理學獎。

> 包立提出不相容原理，它對所有的費米子體系都適用。

1925 年 1 月，克勒尼希（Ralph Kronig）在得知包立的不相容原理後，把電子的第四個自由度解釋為自旋角動量，這和後來烏倫貝克與古德斯密特發現的自旋基本上一樣。但是，當時由於包立等人持否定態度，克勒尼希的結果沒有公開發表。

以上就是舊量子論發展的主要線索。可以看到，在舊量子論發展時期，人們對普朗克輻射公式的理論基礎產生了很大的興趣，普朗克公式得到了多次重新的推導和證明。這個公式是量子論的起源。

A.3　量子力學的創立和完善

邏輯上完備的量子力學的真正創立，應該從海森堡創立量子力學的矩陣力學形式開始。

1925 年 7 月，海森堡發表了一篇題為《運動學與動力學關係的量子理論再解釋》的論文。緊接著，玻恩和約爾旦發表了《關於量子力學 I》的論文；玻恩、海森堡和約爾旦發表了《關於量子力學 II》的論文。這三篇論文構成了被稱為矩陣力學形式的量子力學。由此量子力學宣告誕生。海森堡於 1932 年因為「發現量子力學」而獲得諾貝爾物理學獎。

1925 年 10 月，包立使用海森堡的量子力學成功地解決了氫原子的各種問題，其中包括舊量子論無法解決的交叉電場和磁場中的氫原子光譜的問題。包立的這些結果在 1926 年初以《新的量子力學觀點處理氫的光譜》為題發表，令人信服地證明了新的量子力學比舊量子論優越，也對矩陣力學的發展造成了重要的支持和促進作用。

> 1925 年海森堡的量子力學發表，之後包立使用這個理論成功地解決了氫原子的各種問題，令人信服地證明了新的量子力學比舊量子論優越。

1925 年 10 月，烏倫貝克和古茲密特發表了關於電子自旋的論文，並迅速得到波耳的贊同，之後海森堡也表示支持。

附錄

> 烏倫貝克和古茲密特提出了電子自旋的假設，海森堡改變了原來反對的態度。

1925 年，湯瑪斯計算了自旋軸作進動的角動量，解釋了克勒尼希、烏倫貝克和古茲密特的工作中共同缺少了一個因子 2。從此自旋得到了絕大多數物理學家的承認（包立除外），而且反常塞曼效應也不再是一個無法解釋的問題了。

1925 年 11 月，狄拉克發表了題為《量子力學的基本方程式》的論文，把海森堡的矩陣力學納入泊松括號的形式。狄拉克在 1933 年同薛丁格一道因為「新的富有成效的原子理論」而獲得諾貝爾物理學獎。

1926 年初，薛丁格接連發表了題為《量子化是特徵值問題》（第一部分）和（第二部分）的論文。這兩篇論文構成了被稱為波動力學形式的量子力學。薛丁格於 1933 年與狄拉克一道獲得諾貝爾物理學獎。

> 1926 年，薛丁格發表了量子力學的波動力學形式，成為量子力學的核心。

1926 年 3 月，薛丁格發表了題為《論海森堡、玻恩、約爾旦的量子力學和薛丁格量子力學的關係》的論文，證明了矩陣力學與波動力學是一致的，可以相互變換。包立等人也同時獨立地證明了這兩種力學的等價性。

1926 年，薛丁格還陸續發表了《量子化是特徵值問題》（第三部分）和（第四部分）兩篇論文。分別提出了定態微擾理論和含時微擾理論，並用來計算史塔克效應等具體的問題。

1926 年 6 月，玻恩在一篇題為《散射過程的量子力學》的文章中，提出了波函數的機率解釋，得到了多數物理學家的贊同。波函數的機率解釋成為

量子力學中最重要的基本概念之一。玻恩於 1954 年主要因為「對波函數的統計解釋」而獲得諾貝爾物理學獎。

> 玻恩於 1926 年提出「波函數的統計解釋」，成為量子力學中最重要的概念。

1926 年狄拉克接連發表了《量子力學對氫原子的初步研究》、《量子代數》、《量子力學理論》、《量子力學的物理解釋》等論文，給予矩陣力學以物理解釋。同時發展了一套將矩陣力學和波動力學融為一體的、與玻恩關於波函數的機率解釋相容的系統的量子力學理論體系，其中包括了表象變換理論和狄拉克符號。這些內容於 1930 年被整理成書，以《量子力學原理》為名出版，成為第一本量子力學教科書。此後多數的量子力學教科書都以此為藍本。

1926 年，費米和狄拉克分別獨立發表了自旋為半整數的微觀粒子（所謂的費米子）所服從的統計規則：費米—狄拉克統計。費米於 1938 年獲得諾貝爾物理學獎。

1927 年，海森堡發表了測不準原理。

1927 年，波耳提出了互補原理。

> 1927 年，海森堡發表了測不準原理。同一年，波耳提出了互補原理。

1927 年，包立按照量子力學的範式引入了可以描述電子自旋性質的包立矩陣。

1927 年，狄拉克引入玻色體系的二次量子化，約爾旦、韋格納引入費米體系的二次量子化。

附錄

1927 年，戴維森、革末和湯姆森分別透過實驗獲得了電子的衍射花樣，從而明確證明了電子具有波動性。此後，德布羅意波的概念被普遍承認，習慣上稱為物質波。

1927 年 10 月，在第五屆索爾維會議上，愛因斯坦和波耳就量子力學的詮釋問題爆發了第一次公開爭論。此後在 1930 年 10 月的第六屆索爾維會議上，雙方又爆發了一場激烈爭論。歷史上，這一爭論具有重要的意義。

1928 年，狄拉克發表了相對論性的電子波動方程式 —— 狄拉克方程式，它把電子的相對論運動和自旋、磁矩自動聯繫了起來。

> 狄拉克把最初的量子力學推廣到狹義相對論所描述的高速運動情況，成功預言了正電子。正電子等反物質粒子的發現，把量子力學理論推上科學的頂峰。

1928 年，伽莫夫、格尼和康登（Condon）發表了根據量子力學導出的蓋革—努塔爾定律，證明了量子力學在原子核問題上也是適用的。

1928 年，海森堡用量子力學的交換能解釋了鐵磁理論。

1929 年，海森堡和包立提出了相對論量子場論。

1929 年，愛因斯坦提出統一場論。

1931 年，狄拉克發表磁單極子理論。

1948 年至 1950 年，費曼先後發表了題為《非相對論量子力學的時空研究》、《電磁相互作用量子理論的數學表示》的論文，建立了被稱為第三種非相對論量子力學的理論形式，即量子力學的路徑積分形式。這個形式特別適用於推廣到場的量子理論。費曼於 1965 年因為「在量子電動力學方面的傑出貢獻」而獲得諾貝爾物理學獎。

> 1948 ～ 1950 年，費曼建立了量子力學的第三種理論形式，即量子力學的路徑積分形式。

1948 ～ 1949 年，施溫格（Julian Schwinger）、朝永振一郎和費曼分別完成了量子電動力學的完整理論，成功解釋了 1947 年發現的氫原子譜線的蘭姆位移，使量子物理學達到了很高的精確程度。施溫格、朝永振一郎和費曼一起於 1965 年因為「量子電動力學」而獲得諾貝爾物理學獎。

可以看到，對量子力學的發展有重要貢獻的工作基本上都會被授予諾貝爾物理學獎（或化學獎）。所以，量子力學這門科學的重要性是不言而喻的。關於 1950 年之後的量子力學的發展歷史，這裡就不予詳細敘述。量子力學從來都沒有停止過發展，它一直都在持續深化。

> 量子理論的主要創立者都是年輕人，這並不令人驚訝。克耳文爵士道出了其中的原因：這些新物理學必定出自無拘無束的頭腦。

附錄

附錄 B　對稱性與守恆定律

　　自然界以及人造物中隨處可見一些帶有幾何對稱性的物體，例如宮殿、
京劇臉譜、雪花（圖 B.1）和蜂窩等。人類最早也是透過這些東西感性地認識
了所謂「對稱性」的概念。在意識上，人類對這種對稱的美有特殊的感受，
所以也有意識地將對稱性應用於日常的各種建築、裝飾和設計當中。隨著人
們對自然界認識的深入，對稱性的概念也被引入到了自然科學的領域。而且
現在看來，對稱性是目前科學界最深刻的概念之一。現代物理學的不少重大
突破，都直接或間接地與對稱性或對稱性破缺的概念有關。

> 物理學家已經形成一種思維定式：只要發現一種新的對稱性，就
> 要去尋找相應的守恆定律；反之，只要發現了一條守恆定律，也
> 總要把相應的對稱性找出來。

圖 B.1　雪花（六角對稱性）

　　什麼是對稱性呢？著名的德國數學家外爾給對稱性下了一個普遍的定義：
如果系統的狀態在某種操作下保持不變，則稱該系統對於這一操作具有對稱

性。這樣的操作就稱為「對稱操作」。這裡提到的「系統」二字，可以是我們熟悉的圖像，也可以是某個現象或物理定律。物理中常見的對稱操作，包括空間的平移、鏡面反射、旋轉和空間反演等，也包括時間的平移、反演以及時間—空間的聯合操作等。當然，還會有一些抽象的變換（即操作），如規範變換、置換等（它們與時間、空間的座標無關）。

除了對稱性的概念之外，「對稱性破缺」（symmetry-broken）也是非常重要的概念。如果某物理系統的運動受到外界因素（如外力）的限制，從而導致該系統原有的某些對稱性遭到破壞，這種情況就稱為對稱性破缺。研究自然界所呈現出來的各種對稱性以及產生的對稱性破缺，是人們認識自然規律的一個重要手段。前面已經提到，一個概念能夠在物理學中存在下來，一般都必須能夠對其進行定量化（一個無法定量的概念在物理學中很可能就不那麼重要了）。所以，對稱性也不例外（聽起來對稱性不像是個物理量），上面對對稱性的定義就提供了一個可定量化的東西：對稱操作和對稱操作的數目（不予細述）。

進入 20 世紀以後，物理學家認識到對稱性與守恆定律之間存在著緊密的關係。德國科學家諾特早在 1918 年就將守恆定律與對稱性聯繫在一起，建立了諾特定理：每一種對稱性均對應於一個物理量的守恆律；反之，每一種守恆律均對應於一種對稱性。現在，我們來討論力學中三條重要的守恆定律與時空對稱性之間的關係。這些結論是可以證明的，只是證明的過程並不適合在這裡給出，所以我們只做認真的敘述而已。

(1) 空間的平移對稱性導致動量守恆定律

所謂的空間平移對稱性指的是空間的均勻性。例如，一個給定的物理實

附錄

驗或現象的進展過程是與實驗室的位置無關的。無論是在 A 地做實驗，還是在 B 地做同樣的實驗，得到的物理過程和規律都是一樣的。物理實驗可以在空間的不同地點重複。所以，空間並沒有絕對的原點，所能觀測的只是物體在空間的相對位置。空間的均勻性就導致了動量守恆定律。當然，如果空間的平移對稱性發生破缺（如系統不再孤立），則系統的動量就不再守恆了。

(2) 空間的旋轉對稱性導致角動量守恆定律

空間旋轉對稱性指的是空間的各向同性。在太空中（地面上會有重力的影響），任意一個給定的物理實驗或現象的進展過程是與實驗室的定向無關的，把實驗室旋轉一個方向並不會影響實驗的結果。也就是說，空間的絕對方向是不可觀測的，沒有絕對的「上」或「下」方向的差別，我們不必擔心地球另一面的人會掉下去。空間的各向同性導致了角動量守恆。

(3) 時間的平移對稱性導致能量守恆定律

時間的平移對稱性指的是時間的均勻性。例如，一個給定的物理實驗或現象的進展過程是與實驗開始的時刻無關的。無論是今天做實驗，還是明天做同樣的實驗，得到的物理過程和規律都是一樣的。物理實驗會在不同時候得到重複。物理規律的這種時間均勻性導致了能量守恆定律。

可見，這裡的三個守恆定律都是從時空的對稱性來的，它們比一般的定理、定律有著更加普遍的自然根基。所以，雖然牛頓的三個運動定律在微觀世界中已經不再正確，但是動量守恆定律、角動量守恆定律和能量守恆定律卻是普遍成立的，無論是在宏觀還是微觀世界裡。

圖 B.2　美神維納斯的雕像

　　美神維納斯失去了雙臂，但是多數人卻認為這是很美的，即所謂的「殘缺美」（類似於對稱性破缺）。有趣的是，曾經有很多人給維納斯設計了各種形態的雙臂，但是最終都無法跟斷臂的維納斯相比美（圖 B.2）！回到物理學上來，1956 年李政道和楊振寧提出的弱相互作用下的宇稱不守恆，也正是鏡像對稱性被破壞的「殘缺美」！

> 如果請你給美神維納斯設計一雙手，你會如何設計？你的設計可以匹敵斷臂維納斯的美嗎？

對照表

人名的中英文對照

C. D. 安德森	C. D. Anderson
P. W. 安德森	P. W. Anderson
約瑟夫‧湯姆森	Joseph John Thomson
G. P. 湯姆森	G. P. Thomson

A

阿波羅	G. Apollo
阿德曼	Leonard Adleman
阿哈諾夫	Yakir Aharonov
阿斯佩	Alain Aspect
埃倫費斯特	Paul Ehrenfest
艾弗雷特三世	Hugh Everett III
愛因斯坦	A. Einstein
歐本海默	J. Robert Oppenheimer

B

巴耳末	Johann J. Balmer
貝爾	John Stewart Bell
貝克勒	Antoine Herni Bacquerel
貝內特	C. H. Bennett
波多爾斯基	Boris Podolsky

玻恩	M. Born
波耳	N. Bohr
波茲曼	Ludwig Boltzmann
玻色	S. N. Bose
玻姆	David Bohm
布拉薩爾	Gilles Brassard

D

達爾文	Charles Darwin（進化論創立者達爾文之孫）
戴維森	C. J. Davisson
德拜	P. Debye
德布羅意	Louis V. De Broglie
狄拉克	P. A. M. Dirac
多伊奇	David Deutsch

F

費曼	Richard Feynman
費米	Enrico Fermi
馮‧紐曼	John von Neumann
法蘭克	J. Franck
福勒	Ralph Fowler

J

伽利略	Galileo Galilei

對照表

G

蓋革	H. Geiger
革末	L. H. Germer
格拉赫	W. Gerlach
格拉肖	Sheldon Glashow
格林	Michael Green
格羅弗	Lov Grover
古茲密特	S. A. Goudsmit

H

哈伯德	J. Hubbard
哈密頓	William Rowan Hamilton
海姆	Andre Geim
海森堡	W. Heisenberg
漢森	Hans Maruis Hansen
赫茲	G. L. Hertz
懷爾斯	Andrew Wiles
惠勒	John A. Wheeler
霍爾	John Lewis Hall

J

基爾霍夫	G. R. Kirchhoff
金斯	James H. Jeans
瑪里‧居禮	Marie Curie

K

卡文迪許	W. Cavendish
克耳文男爵	Lord Kelvin（本名 William Thomson）
康普頓	A. H. Compton
科恩	Walter Kohn
克萊默斯	Hendrik A. Kramers
克勞瑟	J. F. Clauser
克勒尼希	R. Kronig

L

拉普拉斯	Pierre Simon de Laplace
萊曼	T. Lyman
蘭利	S. P. Langley
蘭姆	Willis Eugene Lamb
朗道	Lev Landau
朗德	A. Lande
朗之萬	Paul Langevin
李維斯特	Ron Rivest
李政道	T. D. Lee
拉塞福	Ernest Rutherford
魯本斯	Heinrich Rubens
盧默	Otto Richard Lummer
路丁格	J. M. Luttinger
倫琴	Wilhelm Konrad Rontgen
羅森	Nathan Rosen

對照表

勞侖茲　　　　　Hendrik Antoon Lorentz

M

馬斯登　　　　　E. Marsden
邁克生　　　　　Albert Abraham Michelson
馬克士威　　　　James Clerk Maxwell
梅利　　　　　　Pier Giorgio Merli
米爾斯　　　　　Robert Mills
密立根　　　　　R. A. Milliken
莫雷　　　　　　Edward W. Morley
莫特　　　　　　N. F. Mott
梅爾銘　　　　　David Mermin

N

能斯特　　　　　Walther Nernst
尼爾森　　　　　H.B.Nielsen
牛頓　　　　　　Isaac Newton
諾特　　　　　　A. E. Noether
諾沃肖洛夫　　　Konstantin Novoselov

O

歐拉　　　　　　Leonhard Euler

P

帕邢　　　　　　Friedrich Pashen
包立　　　　　　W. Pauli

潘洛斯　　　　　Roger Penrose
普朗克　　　　　Max Karl Ernst Ludwig Planck
普林舍姆　　　　Ernst Pringsheim

R

瑞立　　　　　　J. W. S. Rayleigh

S

薩拉姆　　　　　Aldus Salam
薩莫爾　　　　　Adi Shamir
色斯金　　　　　Leonard Susskind
塞林格　　　　　Anton Zeilinger
塞曼　　　　　　Pieter Zeeman
施特恩　　　　　Otto Stern
施瓦茨　　　　　John Schwartz
施溫格　　　　　Julian S. Schwinger
史塔克　　　　　J. Stark
斯特凡　　　　　J. Stefan
索迪　　　　　　F. Soddy
索爾維　　　　　Ernest Solvay
索末菲　　　　　Arnold Sommerfeld

T

泰勒　　　　　　J. Taylor
圖靈　　　　　　Alan Turin

對照表

W

外爾	H. Weyl
韋內齊亞諾	Gabriele Veneziano
威騰	Edward Witten
魏斯科普夫	Victor F. Weisskoft
維恩	W. Wien
韋格納	Eugene Wigner
溫伯格	Steven Weinberg
烏倫貝克	G. E. Uhlenbeck

X

秀爾	Peter Shor
小湯姆森	George Paget Thomson
謝爾克	Joel Scherk
薛丁格	Erwin Schrodinger

Y

楊	Thomas Young
楊振寧	C. N. Yang
伊辛	Ernst Ising
約恩松	Claus Jönsson
約瑟夫森	Brian D. Josephson
約爾旦	Pascual Jordan

後記

　　至此，本書已到尾聲。可以提醒您的是，不要指望書中的所有東西您（我）都能理解。在很多地方，您可能會讀到諸如「不建議你去作更深入的思考⋯⋯」這類的句子。對於這樣的章節，要嘛是極其深奧的，要嘛根本就是「無解」的，即有些地方根本就還沒有人知道為什麼會是那樣的。例如，為什麼會有量子纏結存在（即量子力學的非定域性）。有人說，量子纏結的這種非定域的關聯似乎來自時間和空間之外，這是因為在時間和空間範圍內，所發生的任何故事都無法對自然界產生的如此關聯的方式給予合理的解釋。當然，我們相信，物理學家是絕不會拋棄他們要完整地理解這個世界的偉大的進取心的，非定域性一定會找到精妙的解釋，我們肯定會非常清晰地理解這個神祕的非定域性的。

> 閱讀完本書的讀者，希望你多少了解到量子力學是一個多麼激勵人心的領域，並且能夠理解目前探索宇宙奧祕的最重要的工具就是量子力學。

　　在領略了量子理論的很多不可思議之後，您現在有何感想呢？也許您會說：「好像有些明白，又好像搞不明白。」在佐藤勝彥的一本科普書《有趣的讓人睡不著的量子論》中，作者提供了一個非常有趣的說法：「讀完本書感到腦子裡一片混亂的讀者，事實上是對量子論有了一定了解的人。」偉大的理論物理學家費曼也曾經說過：「能夠應用量子力學的人不在少數，但是真正理解量子理論的人卻一個也沒有！」此外，波耳也有句名言：「如果誰不對量

後記

子論感到困惑，他就沒有理解這個理論。」物理系、化學系或材料系等專門學習過量子力學的朋友們，你有可能沒有認真思考過量子力學的邏輯和哲學基礎，但是你可以對量子力學運用自如，這是因為你熟悉了量子力學的數學框架而已。但是，在討論量子力學本身的意義時，我們還是會爭論得面紅耳赤，本書就為這種爭論提供了一種傳統的觀點。撰寫本書時，筆者總是以內容的正確性為最重要的原則。由於量子力學中的一些內容本來就沒有「標準答案」（還有各種爭論），這時候筆者是以最主流的內容為藍本的。

現在的量子力學不僅研究物質與能量（包括光子），它已經發展成為探索整個宇宙構成的偉大科學體系。量子力學的內容實際上越來越有趣了。閱讀完本書的人並不會成為物理學家，筆者所希望的是讀者能夠了解到量子力學這樣一個震撼人心的領域，並了解到目前探索宇宙奧祕的最重要的工具正是量子力學。量子力學是一個邏輯上完備的理論。到目前為止，還沒有發現有確切的實驗事實違背了當今的量子力學。此外，量子力學的發展從來就沒有停止過。例如：書中列出的楊振寧對物理學的 13 項重要貢獻，也可以說是楊振寧對量子力學發展的重要貢獻。本書的主要任務只是科普一下傳統的量子力學的基本內容，對於現代量子力學的發展涉及很少。

20 世紀誕生了量子論和相對論這兩個偉大的科學理論，21 世紀也必定是一個充滿驚奇的世紀，肯定會產生革命性的新理論。為了應對偉大的新世紀，我們應該保有一顆純粹的好奇心，對現代科學的進展保持了解。也許偉大的新理論就會誕生於那些默默無聞的年輕人的頭腦中，正像 20 世紀時的量子論和相對論的誕生那樣。與相對論不同（不管是狹義相對論還是廣義相對論，基本上都是愛因斯坦一個人的貢獻），量子力學則是一群人的貢獻，而且主要是一群非常年輕的人的貢獻。將來必會類似，因為年輕人具有開拓性的

精神，真正的科學突破應該靠年輕人，他們才是沒有包袱的人。筆者希望，本書除了科普一些最重要的量子力學內容之外，也希望能幫助培養年輕人的科學思想、科學態度以及科學的思維方法。這些冠冕堂皇的目的可能遠未達到，因為畢竟科學的啟蒙需要大量的科普書籍。

在這裡，最值得再次提到的是多數的量子力學教材都很少教給學生的內容：量子力學的非定域性和量子纏結。讓我們引用某位學者的說法：「量子力學是目前為止對客觀世界最精確的描述。之所以大家覺得反直覺，是因為量子力學的一些效應所發生的物理尺度是非常微小的，比我們日常生活中見到的頭髮絲還要小億倍。在這樣一個微觀世界裡面，有它自己獨特的運行規律。但其實，量子力學及其催生的技術已經在各方面改變了我們的生活。可以說，沒有量子力學，就沒有我們今天的電腦、手機、網路、導航、雷射、核磁共振等。以上這些是 20 世紀在『第一次量子革命』中催生出來的成果，主要是建立於對量子規律宏觀的應用。目前，我們從事的量子訊息技術在歐洲被稱為『第二次量子革命』，透過主動地精確操作一個一個的光子或原子，利用量子疊加、量子纏結等性質以一種革命性的方式對訊息進行編碼、傳輸和操縱，突破古典訊息技術的瓶頸，未來的應用包括量子通訊、量子精密測量、量子運算等。」我們預測，量子力學的非定域性很快會成為量子力學教材的標準內容。

某位物理學家曾經說道：「文學和社會科學把座標系的原點架在人們的心上，所以文學家和社會學家會把人類心理和人類社會活動的各種細節都描述的非常仔細，儘管這種描述永遠也記錄不完人類心靈的感受。物理學家則把座標系的原點架在宇宙的某個點上，他們完全不關心人類所經歷的任何幸福和痛苦，而只想把物理運動描述得更加完整和完美。」所以，物理學的哲學

後記

就是真正的自然哲學，與社會哲學是完全不同的。

> 物理學家把座標系的原點架在宇宙的某個點上，他們的任務是要把物質運動描述得更加完整和完美。

對於希望從本書真正學到量子力學的數學框架以及希望將來進一步深入學習量子力學的讀者來說，本書有幾個章節是一定要讀的，它們也是本書的「精華」之所在，這些就是：2.1.1 節關於「對牛頓第一定律的討論」以及關於牛頓三個定律的困難、4.3 節關於「量子力學的基本假設」和 5.6 節「1 小時可以大致普及量子力學嗎？」。此外，第 6 章關於「非定域性和量子纏結」也是很重要的。如果你是一般讀者，只是希望大致了解什麼是量子力學的話，有些章節可能讀個大意就可以了，不過如果能夠理解這些重要的章節那會是很有幫助的。應該說明，真正學習量子力學最重要的應該是認真理解 4.3 節中的量子力學公設（2），這是非常重要的，值得說 N 次。

從薛丁格方程式的提出到今天已經過去了整整 90 年，量子力學的教科書已經不計其數。特別是近幾年，新出版了很多種關於量子力學的新教材。但是，90 年過去了，中文內容相對完整的量子力學科普書還很少。雖然有太多的人可以出來寫這樣一本書，可就是沒有太多的人願意出來寫。本書的寫法肯定有一些不盡合理之處，希望出版這本書可以促使量子力學的高手們出來寫更加有趣的量子力學科普書籍。我想說，這是一本非常嚴肅的講述量子力學的書，雖然筆者很注意使本書容易被讀者所理解，但是不得不承認，很多地方還沒有將量子理論的複雜性敘述得足夠簡單，事實上的複雜性與敘述上的簡單性之間的平衡還是有點困難的。通俗易懂地講述量子力學畢竟是一個挑戰。

在匆匆半年多的時間裡寫完本書，同時要承擔繁重的科學研究和教學任務，這一定會導致書中的錯誤之處和不準確的地方，敬請各位指正和批評。最後，雖然量子力學是最艱深的科學理論之一，但卻是人人或多或少都可以理解的。量子力學包含著人類思想最進步的因素。

> 雖然說量子力學是最艱深的科學理論之一，卻是我們或多或少都可以理解的東西。量子力學裡面包含著人類思想最進步的因素，這一點是何等重要啊！

從零開始的量子力學
從骰子遊戲到生死未卜的貓，你非深究不可的神祕理論

作　　者：朱梓忠

封面設計：康學恩

發 行 人：黃振庭

出 版 者：崧燁文化事業有限公司

發 行 者：崧燁文化事業有限公司

E-mail：sonbookservice@gmail.com

粉 絲 頁：https://www.facebook.com/
　　　　　sonbookss/

網　　址：https://sonbook.net/

地　　址：台北市中正區重慶南路一段六十一號八
　　　　　樓 815 室

Rm. 815, 8F., No.61, Sec. 1, Chongqing S. Rd.,
Zhongzheng Dist., Taipei City 100, Taiwan

電　　話：(02)2370-3310

傳　　真：(02)2388-1990

印　　刷：京峯彩色印刷有限公司（京峰數位）

律師顧問：廣華律師事務所 張珮琦律師

定　　價：399 元

發行日期：2022 年 04 月第一版

◎本書以 POD 印製

國家圖書館出版品預行編目資料

從零開始的量子力學：從骰子遊戲
到生死未卜的貓，你非深究不可的
神祕理論 / 朱梓忠著 . -- 第一版 . --
臺北市：崧燁文化事業有限公司，
2022.04
　面；　公分
POD 版
ISBN 978-626-332-294-3(平裝)
1.CST: 量子力學
331.3　　111004276

電子書購買

臉書